Radicais livres
bons, maus e naturais

Radicais livres
bons, maus e naturais

Ohara Augusto

© Copyrigth 2006 **Oficina de Textos**

Assitência editorial Ana Paula Ribeiro
Capa Malu Vallim
Charges www.nearinzero.net
Entrevista, preparação, cenas da vida diária e boxes jornalista Suzel Tunes
Ilustrações Marcio Baraldi
Projeto gráfico e diagramação Malu Vallim
Preparação e Revisão Laura Moreira
Tratamento de imagens Ana Karina R. Caetano

Dados Internacionais de Catalogação na Publicação. (CIP)
(Câmara Brasileira do Livro, SP, Brasil)

Augusto, Ohara
Radicais livres : bons, maus e naturais / Ohara Augusto ;
[ilustrações Marcio Baraldi] . -- São Paulo :
Oficina de Textos, 2006.
Bibliografia.
ISBN 85-86238-50-3

1. Antioxidante 2. Bioquímica 3. Radicais livres (Química)
I. Baraldi, Márcio. II. Título.

05-3795   CDD-574.19282

Índices para catálogo sistemático:
1. Radicais livres : Bioquímica 574.19282

Todos os direitos reservados à **Oficina de Textos**
Trav. Dr. Luiz Ribeiro de Mendonça, 4
CEP 01420-040 São Paulo/SP Brasil
fone: (11) 3085-7933 fax: (11) 3083-0849
site: www.ofitexto.com.br e-mail: ofitexto@ofitexto.com.br

AGRADECIMENTOS

Agradeço a todos os que me propiciaram condições de aprendizagem humana e profissional, em especial aos meus familiares, amores, amigos, mestres, colegas e estudantes. Reconheço, também, a importância do suporte financeiro constante de nossas agências financiadoras, principalmente da Fapesp e do CNPq, para o desenvolvimento e concretização de minha carreira científica. Agradeço aos que contribuíram para a execução deste livro, em especial à editora Shoshana Signer e sua equipe, e à Pro-Reitoria de Pesquisa da USP. Reconheço, ainda, a gentileza de Maria Célia Wider em opinar sobre um assunto distante de seus interesses. Finalmente, dedico este livro à Roseli Pacheco Schnetzler pelo incentivo para escrevê-lo e pela cumplicidade que as diferenças e os anos não abalaram.

Ohara Augusto

APRESENTAÇÃO

Aerobic life imposes its own risk. Oxygen consumption and cellular respiration imply a metabolic advantage over anaerobic life, as oxidation of fuel molecules such as glucose and fatty acids can be carried out to completion and generate substantial amounts of free energy later converted into the energetic "coin" ATP (adenosine-5´-triphosphate). However, oxygen metabolism intentionally or unintentionally also generates a series of reactive and potentially toxic by-products collectively known as "free radicals". What are free radicals in biology? Basically, molecules containing an unpaired electron in its external electronic orbital, a feature that serves to critically define their reactivity and action toward other biomolecules. Starting with the "first" oxygen radical, product of the one-electron reduction of molecular oxygen, superoxide radical anion ($O_2^{\bullet-}$), a variety of secondary species can be formed and initiate chain reactions that amplify the process and cause the oxidation of biomolecules, including proteins, lipids, nucleic acids and sugars. Oxidative modifications in biomolecules can lead to changes in biological function and sometimes trigger cytotoxic events. Thus, oxygen radical generation in mammalian cells has been classically viewed as an undesired event, the "dark side" of oxygen, and closely linked to the aging process. Moreover, depending on their rates of production and the detoxification capacity of the organism, free radicals can also either purposely participate in the killing of invading pathogens during cellular immune responses elicited by macrophages, neutrophils and eosinophils or, as undesired events, trigger acute and chronic disease processes, most notably inflammation and vascular disease and neurodegeneration, among other conditions. In view of the increasing understanding of the role that free radicals can play in human pathology, a large research effort has been devoted to the search of, still to be found,

---

A vida aeróbica impõe seus próprios riscos. A respiração celular e o conseqüente consumo de oxigênio oferecem vantagem metabólica sobre a vida anaeróbica porque a oxidação de combustíveis moleculares, como glicose e ácidos graxos, pode ser completa e produzir quantidades consideráveis de energia livre que são convertidas na "moeda" energética ATP. Todavia, o metabolismo do oxigênio também gera, intencionalmente ou não, uma série de subprodutos reativos e potencialmente tóxicos, conhecidos como radicais livres. O que são radicais livres em Biologia? Basicamente, são moléculas com um elétron desemparelhado em sua órbita externa, uma característica crucial para definir sua reatividade em relação a outras biomoléculas. A partir do "primeiro" radical do oxigênio – resultado da redução de um elétron do oxigênio molecular –, o ânion radical superóxido ($O_2^{\bullet-}$), podem formar-se várias espécies secundárias que disparam reações em cadeia, que, por sua vez, amplificam o processo e ocasionam a oxidação das biomoléculas, incluindo proteínas, lipídios, ácidos nucleicos e açúcares. As alterações oxidativas nas biomoléculas podem conduzir a mudanças nas funções biológicas e, às vezes, provocar injúria celular. Por isso, a geração de oxirradicais nas células dos mamíferos foi considerada, classicamente, um evento indesejável, o lado "sombrio" do oxigênio, e intimamente ligado ao envelhecimento. Ademais, de acordo com a velocidade de produção e capacidade de desintoxicação do organismo, os radicais livres tanto podem colaborar na destruição de invasores patogênicos durante a resposta imunológica celular provocada por macrófagos, neutrófilos e eosinófilos, como participar de eventos indesejáveis, disparando processos doentios agudos e crônicos, principalmente, inflamação, doenças vasculares e doenças neurodegenerativas. Face à crescente

natural and synthetic antioxidant molecules that may serve for pharmacological purposes. Significantly more research is still needed in this direction. Fortunately, it has been unambiguously demonstrated that healthy diets containing plenty of antioxidant nutrients (i.e. fruits, vegetables, moderate amounts of red wine!) prevent from chronic disease and improve the quality of life.

In spite of their potential deleterious role, it has been more recently demonstrated that free radicals, at low steady-state concentrations, can also play beneficial and regulatory roles. A notable example is nitric oxide ($^\bullet$NO), which has been shown to be a key signal transducing molecule in the vasculature and nervous system. The synthesis of nitric oxide requires molecular oxygen and the action of a complex and well-regulated enzyme(s), the nitric oxide synthase(s). Similarly, oxygen radicals and related molecules such as hydrogen peroxide (H_2O_2) can also participate in cell signaling processes; current evidence indicates that a certain level of "oxidative stress" may be needed for cell proliferation and homeostasis.

The present contribution by Prof. Ohara Augusto provides right from the title (Free Radicals: Good, Bad, Natural), a comprehensive, balanced, up-to-date and enjoyable material that takes the reader from the basic free radical chemistry all the way to the potential application of these concepts to improve health and life-span. Being an authority on the field at the international level, Dr. Augusto covers a large variety of aspects with her well-known reliability and meticulousness, including the description of methods that allow the detection of free radicals, usually short-lived, transient and rather elusive species. This book also nicely shows the merging of two initially unrelated areas. Indeed, while "oxygen radicals" were initially studied within the chemistry and biochemistry areas, the discoveries on nitric oxide initially

---

compreensão do papel que os radicais livres podem assumir na patologia humana, grande esforço de pesquisa tem sido envidado para a busca, ainda por encontrar, de moléculas antioxidantes naturais e sintéticas que possam servir para fins farmacológicos. Substancial pesquisa adicional é ainda necessária nessa direção. Felizmente, está demonstrado inequivocamente que dietas saudáveis contendo abundantes nutrientes antioxidantes (isto é, frutas, verduras, vinho tinto em quantias moderadas!) previnem doenças crônicas e melhoram a qualidade de vida.

Apesar de um papel potencialmente prejudicial, mais recentemente demonstrou-se que radicais livres, em baixas concentrações operacionais, podem desempenhar funções reguladoras benéficas. O óxido nítrico ($^\bullet$NO) é um exemplo notável, uma molécula-transdutora chave na sinalização dos sistemas vascular e nervoso. A síntese do óxido nítrico requer oxigênio molecular e a atuação de enzima(s) complexa(s) e bem regulada(s), a(s) sintase(s) do óxido nítrico. Analogamente, oxirradicais e moléculas relacionadas, como peróxido de hidrogênio (H_2O_2), também podem participar de processos de sinalização. Há evidência de que certo grau de estresse oxidativo pode ser necessário para a proliferação de células e homeostasis.

A presente contribuição da Profa. Ohara Augusto oferece, desde o título, um material atualizado, abrangente, equilibrado e agradável, que conduz o leitor desde a química básica de radicais livres, por toda a trajetória, até a aplicação potencial desses conceitos para a melhora da saúde e da expectativa de vida. Sendo uma autoridade no assunto, em nível internacional, a Dra. Augusto cobre uma larga gama de aspectos meticulosamente, com sua bem conhecida confiabilidade, incluindo a descrição de métodos que permitem detectar radicais livres, geralmente espécies de vida breve, transientes e instáveis. Este livro também relata a interessante fusão de duas áreas, originalmente separadas. De fato, enquanto oxirradicais eram estudados nas áreas de Química e Bioquímica, as primeiras descobertas sobre o óxido nítrico ocorreram em Fisiologia e

came from contributions in physiology and pharmacology. It was only in the nineties that the important "cross talk" between the oxygen radicals and nitric oxide pathways became evident, providing another level of complexity, interest and wealth to the field.

Fortunately, free radical research in Latin America is strong. Indeed, there are several solid and productive groups in the region including Brazil, Argentina, Chile and Uruguay. I think that the present contribution will serve to broaden the interests of many of our students towards this field and also will help to bridge free radical research with other research areas in biology; while the book has been written in a "reader friendly" way and contains many interesting figures and cartoons, it does not loose any deepness and precision in all the key and, many times, complex issues.

I congratulate my friend and colleague Ohara Augusto for such an effort. The readers of this book must be sure that they will benefit from a rather thoughtful and complete overview on how free radicals are formed in biology, how they react with target molecules, how we cope with them and what are their impacts in human health, aging and disease. I should also add that throughout the book, landmark discoveries and investigators are carefully mentioned, providing a nice historical synopsis of the central events that critically helped to create and evolve the field.

Montevideo, May 30th 2006

Rafael Radi, MD, PhD
Professor of Biochemistry
Howard Hughes International Research Scholar
President-Elect, The Society for Free Radical Biology and Medicine
Facultad de Medicina
Universidad de la República
Montevideo, Uruguay

Fisiologia e Farmacologia. Foi apenas nos anos 1990 que a importante "conversa cruzada" dos estudos dos oxirradicais e óxido nítrico tornou a relação evidente, elevando o grau de complexidade, interesse e riqueza do campo.

Felizmente, a pesquisa de radicais livres na América Latina é forte. De fato, há vários grupos produtivos e sólidos na região, incluindo Brasil, Argentina, Chile e Uruguai. Penso que a presente contribuição servirá para ampliar o interesse de muitos de nossos estudantes para este campo, promovendo também uma ponte entre a pesquisa com radicais livres e outras áreas biológicas. A despeito de ter sido escrito em uma forma amigável ao leitor, com muitas figuras e charges interessantes, o livro jamais perde precisão e profundidade em todas as questões-chave, freqüentemente complexas.

Eu felicito minha amiga e colega Ohara Augusto por esse esforço. O leitor deste livro pode estar certo de que vai se beneficiar de um panorama completo e bem pensado sobre como radicais livres se formam em Biologia, como reagem com as moléculas-alvo, como convivemos com eles e quais são seus impactos na saúde humana, envelhecimento e doença. Devo acrescentar ainda que, ao longo do livro, pesquisadores e descobertas marcantes são cuidadosamente mencionados, oferecendo uma bela sinopse histórica dos principais eventos que ajudaram a criar e desenvolver essa área de conhecimento.

Montevideo, 30 de maio de 2006.

# AO LEITOR

Pois é! Radicais livres são naturais, pois são produzidos continuamente nos organismos vivos. São maus porque participam direta ou indiretamente de uma série de doenças, mas também são bons. Na verdade são essenciais porque, entre outras coisas, participam do combate a infecções e da propagação da nossa espécie através do ato sexual. Essas afirmações podem lhe parecer estranhas porque a mídia explora muito o lado vilão dos radicais livres. Esse lado foi o primeiro a ser reconhecido pelos cientistas, mas eles já estão mudando de opinião. Não que os cientistas sejam volúveis, eles apenas abandonam ou modificam conceitos que vão ficando ultrapassados em face de novos experimentos e novas reflexões. Parece uma atitude inteligente, não? Podemos verificar isso fazendo uma viagem no tempo para acompanhar como o conceito de radical livre apareceu no universo humano e como foi evoluindo em meio a muitas controvérsias, experimentos e reflexões. O resultado tem sido surpreendente. De espécies que nem os químicos consideravam no início do séc. XX, os radicais livres e os oxidantes deles derivados estão revolucionando a biologia e a medicina no séc. XXI.

Ohara Augusto
São Paulo, abril de 2006

1. Os radicais livres aparecem na química 15

2. Radicais livres como maus à vida 35

3. Radicais livres como bons, maus e naturais 71

4. Como controlar os efeitos bons e maus dos radicais livres? 87

5. As lutas e o desafio do cientista: 105
   utopia com um pé na realidade

Glossário 111
Anexo 1 113
Anexo 2 114
Sites para consulta 115

OS RADICAIS LIVRES APARECEM NA QUÍMICA 1

Cenas da Vida Diária 1: VITAMINA C E CAMA

Você conhece alguma receita boa para combater gripe? Se não, pergunte à sua avó... toda avó tem um chazinho ou sopinha que é "tiro e queda". Na prática, a gente sabe que o maior mérito das receitas da vovó é nos fazer bem à alma... podem, quando muito, aliviar alguns sintomas. Afinal, a ciência ainda não conseguiu descobrir nenhuma substância realmente eficaz para prevenir ou combater esta doença aparentemente tão banal. Lá pelos idos de 1970, porém, uma receita "tiro e queda" para prevenir gripe começou a ganhar força dentro da própria comunidade científica e alcançou as ruas. Gerou até um bordão que se tornou popular, à guisa de receita: "vitamina C e cama". O uso de doses maciças de ácido ascórbico (a vitamina C), associado ao repouso tinha, como fundamento teórico, as descobertas de um cientista acima de qualquer suspeita: o químico Linus Pauling.

Ganhador do prêmio Nobel de Química de 1954, por ter lançado as bases das ligações covalentes entre átomos, Pauling dedicou-se ao estudo dos radicais livres, que seriam responsáveis pelo aparecimento de doenças e pelo envelhecimento do organismo. Em 1970, ele afirmou no livro *Vitamin C and the Common Cold* que tomar 1.000 mg de vitamina C, diariamente, reduziria a incidência de resfriados em 45% para a maioria das pessoas. Essa era uma dose muito maior do que a normalmente recomendada (60 mg de ingestão diária). Anos depois, Pauling ainda afirmaria que altas doses da vitamina seriam eficazes contra o câncer. E ele mesmo afirmou que tomava 12.000 mg diários!

As teorias de Linus Pauling fundamentaram um novo campo da medicina: a ortomolecular, que defende a busca do equilíbrio químico do corpo por meio do uso de substâncias antioxidantes, como vitaminas, minerais e aminoácidos.

No ano de 1993, porém, Linus Pauling teve uma desagradável surpresa: estava com câncer de próstata. Mesmo assim, não perdeu

a fé na vitamina C: garantiu que a terapia havia adiado o aparecimento da doença por 20 anos. Em 1994, a doença o matou. Mas Linus Pauling havia nascido no ano de 1901. Faça as contas e verá que não se pode afirmar que sua morte tenha sido precoce...

De qualquer forma, a polêmica continuou. Estudos recentes indicam que o entusiasmo pelos efeitos da vitamina C não se justificam. De acordo com os pesquisadores Robert Douglas, da Austrália, e Harri Hemilä, da Finlândia, que avaliaram 23 estudos nos quais os participantes tomavam 2 gramas de vitamina por dia, não se notam diferenças significativas na prevenção do resfriado em relação aos grupos que não ingeriram o suplemento adicional.

Mesmo a medicina ortomolecular ainda levanta suspeitas: ela chegou ao Brasil na década de 1980 e ainda não é considerada especialidade médica pelo Conselho Federal de Medicina. Por outro lado, se você observar as prateleiras das farmácias, verá uma enorme quantidade de complexos vitamínicos "que combatem o stress e previnem os radicais livres". O que existe de verdade nisso tudo? O que a ciência já sabe sobre os efeitos dos radicais livres em nosso organismo? É o que você verá nas páginas seguintes.

Alquimistas, boticários e química

Os pais da química moderna definiam radical (do latim *radice*, raiz) como um grupo de dois ou mais átomos que permaneciam combinados quando passavam de uma molécula à outra (Fig. 1.1). Assim, eles não especificavam se os radicais estariam "presos" ou "livres", mesmo porque, até meados do séc. XIX, ninguém poderia fazer tal distinção. Àquela época, o próprio conceito de molécula era impreciso, pois não existiam metodologias adequadas para desvendar os detalhes do mundo nanométrico, ou seja, a dimensão dos átomos, das moléculas e dos radicais livres (Fig. 1.2).

A história de como os cientistas atuaram para descobrir o então invisível mundo das moléculas é uma das mais fascinantes aventuras do pensamento humano e foi detalhada recentemente por John Buckingham no livro *Caça à molécula* (Fig. 1.3). Mesmo aqueles que não têm uma fascinação especial por moléculas (ou por suas fórmulas e estruturas) podem apreciar essa caçada, pois ela alterou profundamente a maneira como vivemos e como conhecemos a nós próprios e ao mundo que nos rodeia. Preparado para a aventura? Então, vamos lá!

As tentativas para entender o mundo se iniciaram com as conjecturas filosóficas dos pensadores antigos. Eles consideravam que a crosta terrestre era constituída de uns poucos ingredientes fundamen-

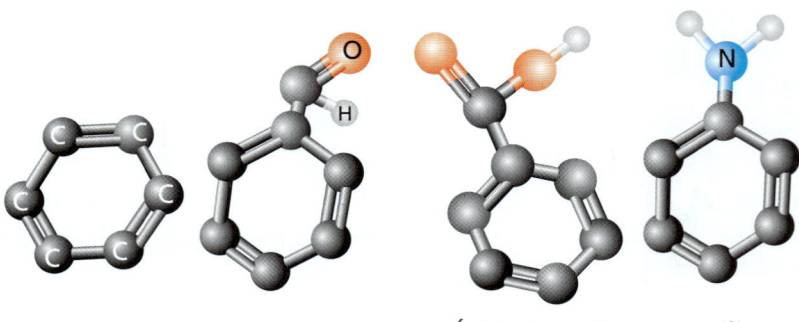

Fig. 1.1 O benzeno como o radical dos compostos aromáticos, conhecidos desde tempos imemoriais como substâncias presentes em óleos e temperos de odor agradável. Observam-se na figura as estruturas atuais e o fim da estória porque Liebeg e Whöler propuseram inicialmente que o radical dos compostos aromáticos era o benzoíla (C_6H_5-CO-, e não $C_{12}H_{10}-C_2O_2-$, como achavam)

os radicais livres aparecem na química

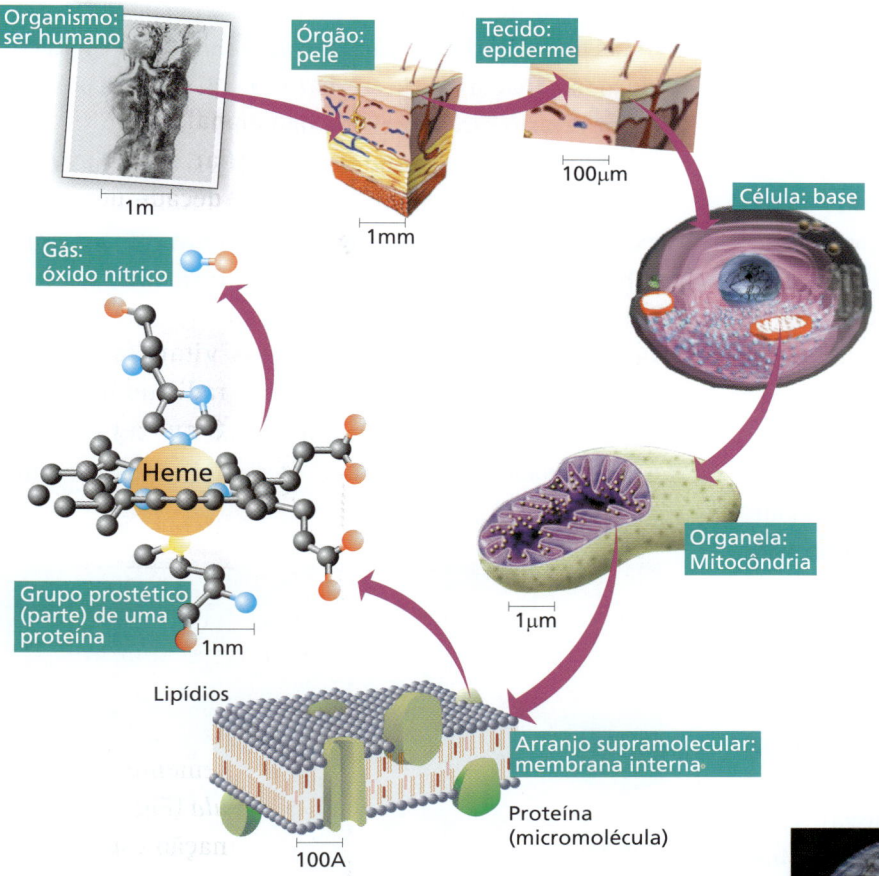

Fig. 1.2 As dimensões do homem, das biomoléculas e dos radicais livres. O radical livre exemplificado é o óxido nítrico (NO•)

tais: os elementos água, fogo, metal, terra e madeira para os filósofos chineses; e fogo, terra, ar e água para os gregos, segundo Empédocles (490-430 a.C.) (Fig. 1.4).

Longos séculos separam a civilização grega do renascimento cultural europeu e da revolução científica que este propiciou. Contudo, o conhecimento sobre os diferentes tipos de matéria (a Química) ainda não havia dado um salto significativo. Mesmo ao redor de 1600, quando a ciência já havia se firmado como uma atividade que levava ao conhecimento por meio de observações e medições, aqueles que mais manipulavam os materiais, os

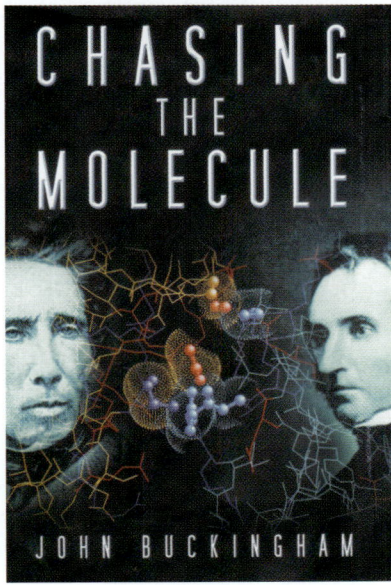

Fig. 1.3 Ambições, rivalidades, lutas, vitórias: a aventura dos cientistas no livro *Caça às moléculas*, escrito por John Buckingham e publicado pela Sutton Publishing Limited em 2004. À esquerda está Friedrich Whöler, e à direita, Justus von Liebeg

Fig. 1.4 Os elementos fundamentais dos gregos segundo Empédocles

alquimistas e os boticários (Fig. 1.5), eram pouco afeitos a medidas quantitativas. Eles tinham objetivos grandiosos: os alquimistas buscavam obter um metal valioso, o ouro, e o "elixir da vida", a panacéia contra todos os males, com base em minerais (os atuais compostos inorgânicos), enquanto os boticários procuravam curar moléstias utilizando extratos de plantas (os atuais compostos orgânicos). Alquimistas e boticários trabalhavam secretamente e faziam poucas medidas ou estudos quantitativos. Preferiam os efeitos pirotécnicos como explosões, mudanças de cor, fumaça... coisas que pudessem impressionar os não iniciados e trazer fama e fortuna aos iniciados. Eles também não se interessavam muito em saber o que os elementos e extratos eram, efetivamente, mas sim, em utilizar os seus efeitos.

Claro, a maioria dos cientistas de todos os tempos sempre buscou a fama (pelo menos entre seus pares) e procurou levar seus conhecimentos às aplicações práticas. Mas o cientista procura entender profundamente seu objeto de estudo por meio de experimentos, medidas quantitativas e análises racionais sem esquecer, claro, a capacidade de sonhar e imaginar que possibilitam criar o novo, o ainda não conhecido.

Robert Boyle (irlandês, 1627-1691) foi um desses pioneiros. Foi ele quem primeiro vislumbrou um teste experimental para os elementos, definindo-os como substâncias que não podiam ser transformadas em outras. Seguindo essa trilha, Antoine Laurent Lavoisier (francês, 1743-1794) realizou inúmeros experimentos de combustão usando velas ou minerais e – importantíssimo – ele pesou (ou mediu volumes, no caso de gases) os materiais de partida e os produtos formados (Fig. 1.6).

Fig. 1.6 Lavoisier: ele transformou a química em ciência quantitativa

Com esse procedimento, Lavoisier demonstrou a conservação da massa nas reações e transformou a química em uma ciência quantitativa. Ele ainda caracterizou alguns minerais e seus elementos constituintes, sistematizou a informação disponível até então e publicou a primeira lista de elementos químicos em 1789 (Fig. 1.7).

Fig. 1.5 O objetivo dos alquimistas era grandioso: vida eterna e riqueza abundante. Faltava, porém, o método científico: preferiam os efeitos visuais dos experimentos às medições e aos estudos quantitativos

◉ OXIGÊNIO, OXIDAÇÃO E SEUS EFEITOS TÓXICOS

Lavoisier também mudou totalmente a visão sobre o processo de combustão (queima) que sempre encan-

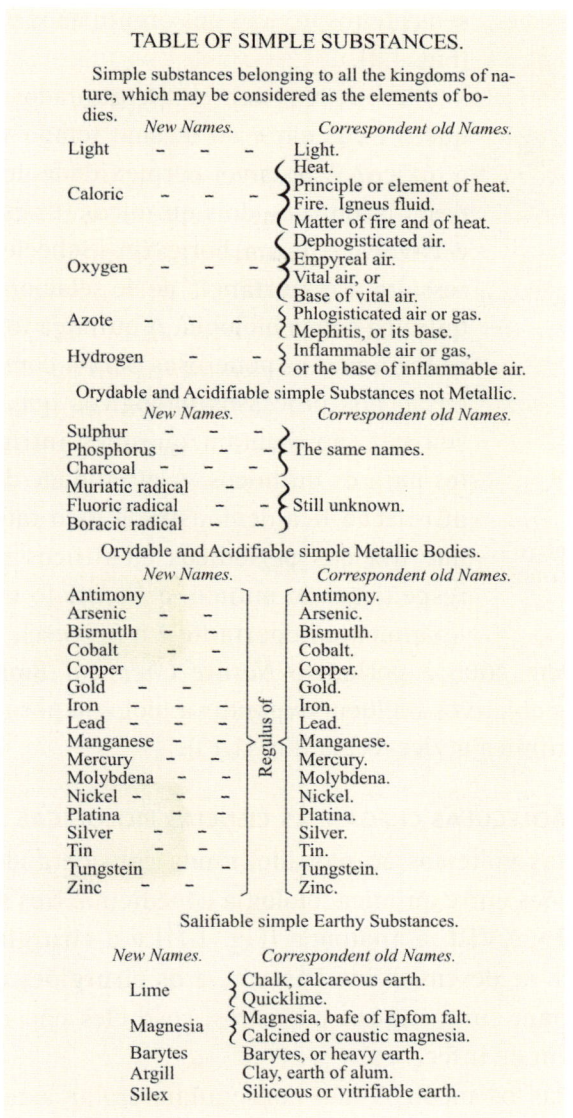

Fig. 1.7 A primeira lista de elementos químicos, publicada por Lavoisier em 1789

ção é muito próxima dos valores conhecidos atualmente de 20,094% oxigênio e 78,084% nitrogênio, o que só confirma a precisão das medidas de Lavoisier. Ele estabeleceu analogias bastante fortes entre combustão e respiração (Fig. 1.8) e estava correto, como aprofundaremos adiante. As contribuições científicas de Lavoisier foram impressionantes e é lamentável que ele tenha sido executado durante a Revolução Francesa. Dizem que ele solicitou tempo para terminar alguns trabalhos ao juiz que o condenou, mas recebeu como resposta: "A república não precisa de cientistas!" Com certeza o juiz não viveu o suficiente para ver a química passar de "francesa", no séc. XVIII, para predominantemente "alemã", no séc. XIX. Ciência pode não ter pátria, mas os cientistas têm, e os países que mantêm um grande número de cientistas beneficiam-se do avanço do conhecimento. Esse foi o caso da Alemanha, que muito cresceu economicamente a partir do nascimento da indústria química ao final do séc. XIX.

Deve-se mencionar que alguns historiadores da ciência colocam em dúvida aspectos da personalidade de Lavoisier. Parece que ele conhecia, mas não creditou devidamente, a precedência dos experimentos de Joseph Priestley (1733-1804) e de Carl Wilhelm Scheele (1742-1786) caracterizando o oxigênio (que eles chamaram de ar deflogistizado). Esses cientistas também relataram que a vida

tou os homens e os ajudou a sobreviver. A combustão era atribuída a um indefinido flogístico, mas após Lavoisier a combustão ficou caracterizada como uma oxidação, ou seja, a reação do material combustível com o oxigênio presente no ar.

Foi Lavoisier quem demonstrou que o ar era constituído principalmente de dois gases, numa proporção de 1 para 5: o oxigênio (que mantinha a combustão de uma vela ou a vida de um camundongo) e o nitrogênio, ou azoto (que apagava uma vela ou sufocava o pobre do animal). Note que essa propor-

> No século XVII, acreditava-se que todos os corpos possuíam uma substância inflamável que era liberada durante a queima: a ela chamavam flogístico (do grego "queimar"). Pensava-se que, uma vez desprendida, essa substância era absorvida pelo ambiente. É bem verdade que, após a combustão, ao ser "deflogisticado", os materiais pesavam mais do que antes. Como isso era possível? Os defensores da teoria afirmavam que o flogístico tinha "peso negativo": era tão leve, tão leve, que tornava o material menos denso... depois de Lavoisier, ninguém mais acreditaria nesta história

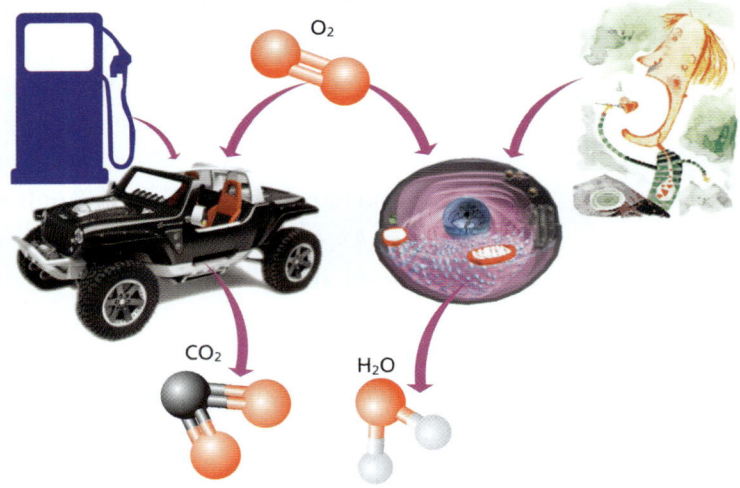

Fig. 1.8 A queima da gasolina fornece energia para os nossos automóveis rodarem, ao passo que a queima dos alimentos fornece energia para vivermos

era destruída pelo oxigênio. Scheele notou que ervilhas não cresciam em atmosfera de oxigênio e Priestley descreveu que plantas e camundongos morriam em oxigênio.

Talvez Lavoisier tenha sido o que chamaríamos hoje de "marqueteiro", ou seja, usou o perfeito domínio que exerce sobre as palavras (ele era advogado) para supervalorizar seus feitos. De qualquer forma, numa época em que pouco se conhecia sobre a química da vida (bioquímica), Scheele, Priestley e Lavoisier podem dividir o mérito de ter descoberto o oxigênio e a oxidação e ter relatado seus efeitos tóxicos aos organismos vivos (Fig. 1.9).

Eles devem ter se perguntado: por que o oxigênio é ao mesmo tempo vital e tóxico? A possível perplexidade desses pesquisadores — dois químicos (Priestley e Lavoisier) e um boticário (Scheele) —, ressalta a importância de se relacionar a química com a biologia. A química fornece ferramentas poderosas para a compreensão dos processos biológicos que, por sua vez, apresentam questões intrigantes para os químicos. A atualidade dessa afirmação fica demonstrada pelo fato de que um dos periódicos científicos mais respeitados do mundo, o *Nature* (o outro igualmente importante é o *Science*), lançou em 2005 o periódico *Nature Chemical Biology*, cujos objetivos incluem expandir a biologia por meio da química e vice-versa (Fig. 1.10).

MOLÉCULAS CHEGAM ÀS CIÊNCIAS BIOLÓGICAS

Mas voltemos ao passado, ainda considerando as relações entre química, biologia e medicina. Nos sécs. XVII e XVIII, a anatomia (Fig. 1.11) e a cirurgia tinham se desenvolvido bastante e os cirurgiões conseguiam curar alguns pacientes, caso eles não morressem de infecções.

Mas os médicos não conseguiam tratar a maioria das doenças. De fato, embora eles conhecessem os órgãos humanos, não sabiam os detalhes de seus funcionamentos. E embora administrassem remédios, principalmente os extratos dos boticários, não sabiam o que os extratos continham, nem como eles atuavam (quando atuavam...). Para evoluir, a medicina precisou de novos ramos do

Joseph Priestley (1733 - 1804)

Carl Wilhelm Scheele (1742 - 1786)

Antonie Laurent Lavoisier (1743 - 1794)

Fig. 1.9 Os descobridores da combustão e do oxigênio e seus efeitos tóxicos aos organismos vivos

os radicais livres aparecem na química

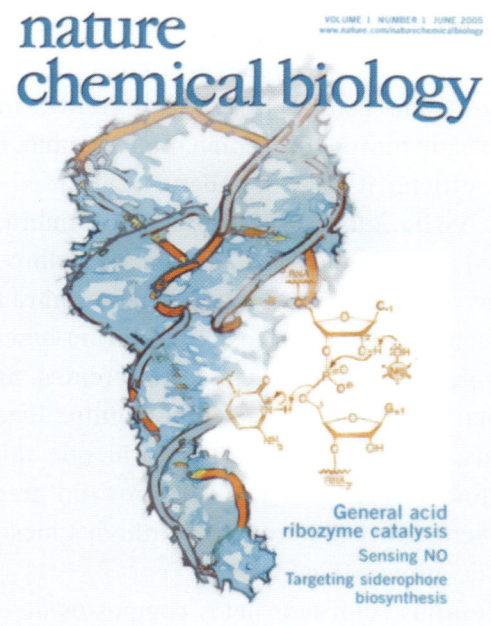

Fig. 1.10 A atualidade do binômio biologia-química atestada pelo lançamento, em 2005, de uma nova revista científica pelo grupo que publica a prestigiosa *Nature*

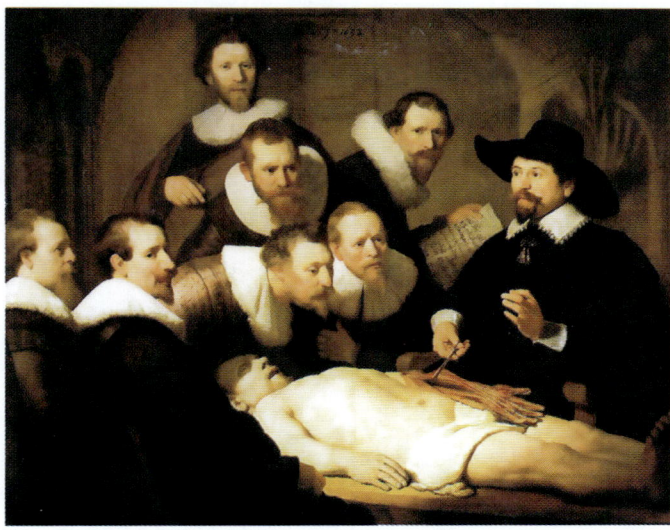

Fig. 1.11 *A Lição de Anatomia do Dr. Tulp*, obra de Rembrandt, de 1632: nos séculos XVII e XVIII, o conhecimento médico avançava. Só faltava manter os pacientes vivos

conhecimento como fisiologia, microbiologia, bioquímica e química orgânica. De fato, a química que tem se mostrado mais útil à medicina não foi aquela mais conhecida até 1800, a química inorgânica (da pedra, dos minerais, dos gases), mas, sim, a química dos produtos dos organismos vivos (das folhas, dos extratos de plantas dos boticários, dos animais), a denominada química orgânica. O carbono, que na lista dos elementos de Lavoisier (Fig. 1.7) aparece como o "insosso" carvão (Fig. 1.12), foi a chave que, durante o séc. XIX, abriu todo um novo mundo para a compreensão das moléculas que nos rodeiam e nos constituem.

Fig. 1.12 O carvão de nossos churrascos e os diamantes das jóias são constituídos pelo mesmo elemento químico, carbono, que também é o principal componente de nossas moléculas

Após Boyle e Lavoisier, o conceito de elemento ficou claro e após John Dalton (inglês, 1766-1844), ficou aceito que cada elemento químico era constituído por um tipo de átomo. Com as metodologias disponíveis, principalmente pesagem e medidas de volume, não foi difícil determinar as proporções com as quais determinados elementos (átomos) se combinavam para formar as substâncias inorgânicas – que, na sua maioria, são simples. Por exemplo, a fórmula H_2O para a água indica que os átomos de hidrogênio e oxigênio se combinam na proporção de 2 para 1, como determinado experimentalmente (fórmula empírica).

A maioria dos compostos inorgânicos, como amônia (NH_3), cloreto de sódio (NaCl) etc., apresentava fórmulas empíricas tão simples como as da água, e não foram difíceis de determinar. Essas fórmulas simples facilitavam a aplicação do conceito de valência como "o poder de combinação de cada átomo". O oxigênio e o nitrogênio, ao se combinarem com dois e três átomos de hidrogênio, teriam valências dois e três, respectivamente.

Mas os compostos naturais apresentavam problemas bem mais complexos. A maioria deles continha carbono, hidrogênio e oxigênio e era grande, ou seja, abrigava um grande número de átomos. Ficava difícil determinar suas fórmulas empíricas corretas com as metodologias existentes na época e já exemplificamos isso na legenda da Fig. 1.1, ao descrever que Justus von Liebig (alemão, 1803-1873) e Friederich Whöler (alemão, 1800-1882) determinaram as proporções corretas dos átomos que compunham o radical benzoila, mas sugeriram fórmulas duplicadas ($C_{12}H_{10}-C_2O_2-$ ao invés do correto, C_6H_5-CO-).

Além disso, eram conhecidos compostos de carbono nos quais este se ligava a diferentes números de átomos de hidrogênio, como, por exemplo, o etano (C_2H_6), etileno (C_2H_4), acetileno (C_2H_2) e benzeno (C_6H_6). Assim, qual seria o poder de combinação (a valência) do carbono? Pior, foi ficando claro que as fórmulas empíricas não eram suficientes para descrever os compostos orgânicos: começaram a ser isolados compostos com propriedades diferentes, mas com a mesma fórmula empírica. Finalmente, Jöns Jacob Berzelius (sueco, 1749-1848) sugeriu que tais compostos fossem denominados isômeros (do grego *isos*, igual; *meros*, partes) porque continham a mesma proporção de átomos (Fig. 1. 13).

Os desafios colocados pelos compostos de carbono foram vencidos elegantemente ao final do séc. XIX como conseqüência do trabalho de grandes químicos.

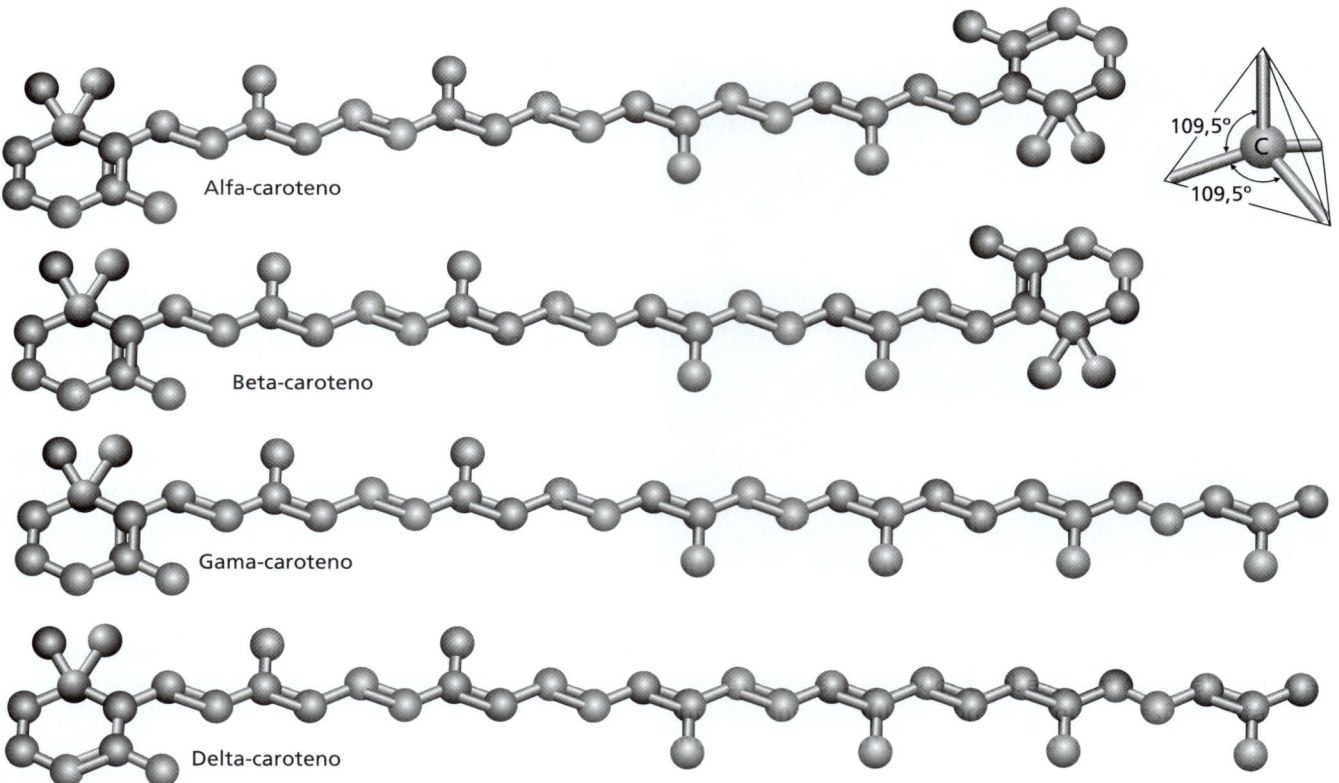

Fig. 1.13 Estruturas de alguns dos carotenóides encontrados em plantas. São exemplos da variabilidade possível para compostos orgânicos com a mesma fórmula empírica (isômeros) e do conceito de carbono tetravalente, que possibilitou elucidá-las

Além de Berzelius, Whöler e Liebig, podemos mencionar Jean-Baptiste-André Dumas (francês, 1800-1884), Auguste Laurent (francês, 1807-1853), Charles Gerhardt (francês, 1816-1856), Scott Archibald Couper (escocês, 1831-1892), Edward Frankland (inglês, 1825-1899), Hermann Kolbe (alemão, 1888-1973), August Wilhelm von Hofmann (alemão, 1818-1892) e Friederich August Kekulé (alemão, 1829-1896), entre outros. Como resultado do trabalho desses homens, ao final do séc. XIX foi possível definir que o átomo de carbono tinha valência quatro (tetravalente) e que suas quatro valências se arranjavam simetricamente no espaço ao redor do centro (como num tetraedro) (Fig. 1.13). Também ficou claro que o carbono era capaz de se ligar não só a átomos de outros elementos mas, também, a outros átomos de carbono, possibilitando a formação de cadeias longas e anéis de diferentes tamanhos. Assim, foi possível descrever vários compostos orgânicos em nível molecular, inclusive especificando como os átomos se ligavam uns aos outros em três dimensões. E tudo isso sem que os químicos tivessem, até então, visto átomos e moléculas!

Como todo grande avanço científico a criação do conceito de molécula teve um enorme impacto social. Fundou a indústria química na Alemanha, o berço da maioria dos químicos eminentes do séc. XIX. Essa indústria permitiu a obtenção de grande variedade de antibióticos, plásticos, corantes. Também se difundiu para outros países e alterou profundamente a maneira como os homens passaram a viver. As condições de vida também sofreram grandes alterações à medida que o conhecimento sobre os compostos de carbono foi aplicado para examinar as estruturas e funções das biomoléculas mais complexas, as proteínas, os carboidratos e os ácidos nucléicos. A cristalização da enzima urease por James B. Sumner, em 1926, demonstrou definitivamente que proteínas eram moléculas – grandes, sem dúvida, mas com composição e estrutura definidas (Fig. 1.14).

Surgia a bioquímica (a química da vida), tornando as ciências biológicas e a medicina cada vez mais moleculares. As complexas estruturas tridimensionais das proteínas e dos ácidos nucléicos começaram a ser elucidadas em meados do séc. XX pelo emprego da cristalografia de raios X. A famosa elucidação da dupla hélice do DNA por Watson e Crick, em 1954 (Fig. 1.15), tem relação estreita com o conceito de molécula estabelecido no séc. XIX, embora o conceito tenha sido muito aprimorado no decorrer do séc. XX.

Em termos econômicos, o séc. XX foi marcado pela indústria química e trouxe imensos

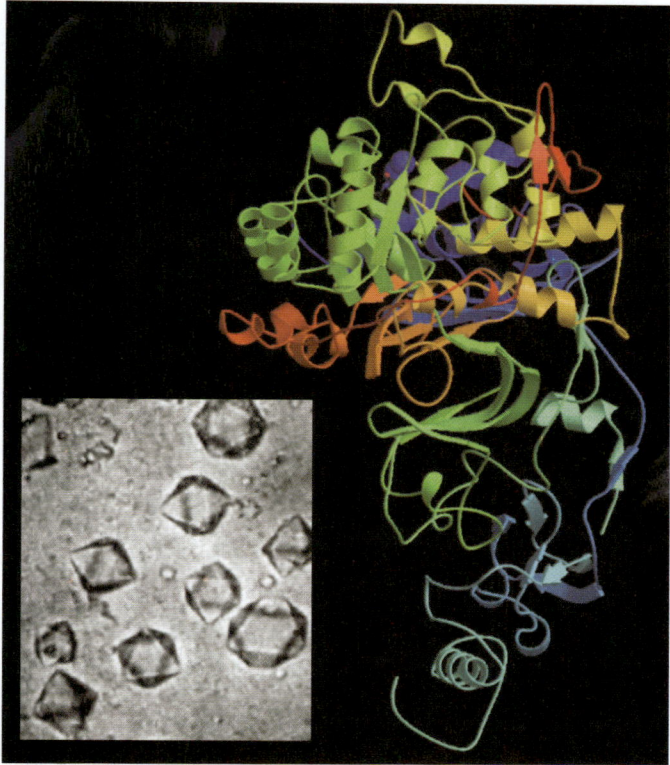

Fig. 1.14 Cristais e estrutura tridimensional da enzima urease, a primeira proteína cristalizada. Sua massa molecular é 48 mil vezes maior do que a de um átomo de hidrogênio, cuja massa é 48 kDa (quiloDalton). A bactéria *H. pylori*, que causa úlceras, sobrevive no estômago porque possui altas concentrações de urease. Esta, ao catalisar a hidrólise de uréia, produz amônia, que neutraliza a acidez ao redor da bactéria – criando assim um ambiente propício para a sobrevivência. Fonte: *Nature Structural Biology,* v. 8, n. 505, 2001

Fig. 1.15 Capa do encarte comemorativo dos 50 anos da elucidação da dupla hélice do DNA da revista Nature. Aparecem no sentido horário, a partir do canto superior esquerdo: Francis Crick, Maurice Wilkins, James Watson e Rosalind Franklin

benefícios para a humanidade. Um reflexo deles é o aumento da vida média da população. Nos países desenvolvidos, homens e mulheres hoje vivem 75 e 80 anos, respectivamente, muito mais do que durante toda a história da humanidade. Só para se ter uma idéia, na última década do século XVIII a esperança de vida do europeu ao nascer ainda ficava em torno de 30 anos de idade.

O conhecimento científico trouxe sistemas sanitários, vacinas, antibióticos e outros medicamentos muito eficientes na redução de infecções e doenças parasitárias, as principais responsáveis pelas mortes humanas prematuras. Hoje vivemos mais não porque alteramos a maneira como envelhecemos, mas porque alteramos a maneira como vivemos. Mas benefícios têm custos e o aumento da população idosa em nossas sociedades começa a abalar os sistemas públicos de previdência e saúde criando um novo problema. Também enfrentamos uma crescente poluição dos campos e das cidades e o conseqüente aquecimento do planeta.

E ainda teremos que encontrar um substituto não poluente e economicamente viável ao petróleo, cuja produção, prevê-se, atingirá o máximo no futuro próximo, para então decair inexoravelmente. Embora esses problemas sejam considerados insolúveis por muitos, eles são novos desafios que a humanidade poderá vencer utilizando abordagens racionais e as ferramentas da ciência e da tecnologia. A entrada em vigor, em 2005, do protocolo de Kyoto para reduzir a emissão de gases de efeito estufa é um bom exemplo de que a humanidade pode enfrentar desafios coletivamente, apesar da lamentável não adesão dos EUA ao protocolo.

Radicais livres são aceitos pelos químicos

Voltando aos finais do séc. XIX, as regras de valência que fundaram a química moderna tornaram o conceito de radical livre quase uma heresia à época. De fato, se o conceito de carbono tetravalente estava sendo tão útil para explicar os fenômenos químicos, como considerar a existência de carbonos trivalentes, ou seja, de radicais livres? A resistência aos radicais livres em finais do séc. XIX foi bem sintetizada por W. F. Ostwald que, em 1896, afirmou: "A natureza de radicais orgânicos é tal que não se pode isolá-los!" Felizmente, nem todos acreditaram, como sempre

os radicais livres aparecem na química

Fig. 1.16 Retrato de Moses Gomberg e estrutura do primeiro radical livre descrito, o trifenilmetila. O radical foi obtido por Gomberg a partir da reação de cloreto de trifenilmetila com prata metálica (Ag) em benzeno deaerado

ocorre em ciência... já em 1900, um pesquisador meticuloso e cheio de sorte, o russo radicado nos EUA Moses Gomberg (1866–1947), conseguiu preparar soluções de um radical livre estável em ausência de ar e publicou um artigo chamado *Um caso de carbono trivalente*.

O radical livre preparado por Gomberg é relativamente estável (na verdade está em equilíbrio com o seu dímero) porque, entre outras coisas, é "volumoso", dificultando a aproximação de outras moléculas (Fig. 1.16). Além de sortudo, Gomberg era um pouco pretensioso, pois nesse mesmo artigo, confessou: "Esse trabalho continuará e eu desejo reservar a área para mim". E alguém pode censurá-lo?

Só que os outros cientistas não estavam dispostos a deixar este novo e vasto campo de pesquisas inteirinho para Gomberg. Entre 1910 e 1930, vários físico-químicos começaram a utilizar o conceito de radical livre para interpretar os produtos e a cinética resultantes de reações em fase gasosa e também da fotólise (irradiação com luz visível, ultravioleta) e termólise (aquecimento) de compostos químicos. Estudos de reações de radicais livres em fase gasosa continuam extremamente importantes na atualidade porque essas reações ocorrem na atmosfera de nossas cidades e levam aos poluentes que nos preocupam e devemos controlar (Fig. 1.17).

> Dímero é uma molécula formada pela união de duas unidades, idênticas ou não, chamadas monômeros

Já os químicos orgânicos foram mais relutantes em aceitar a participação de radicais livres. De fato,

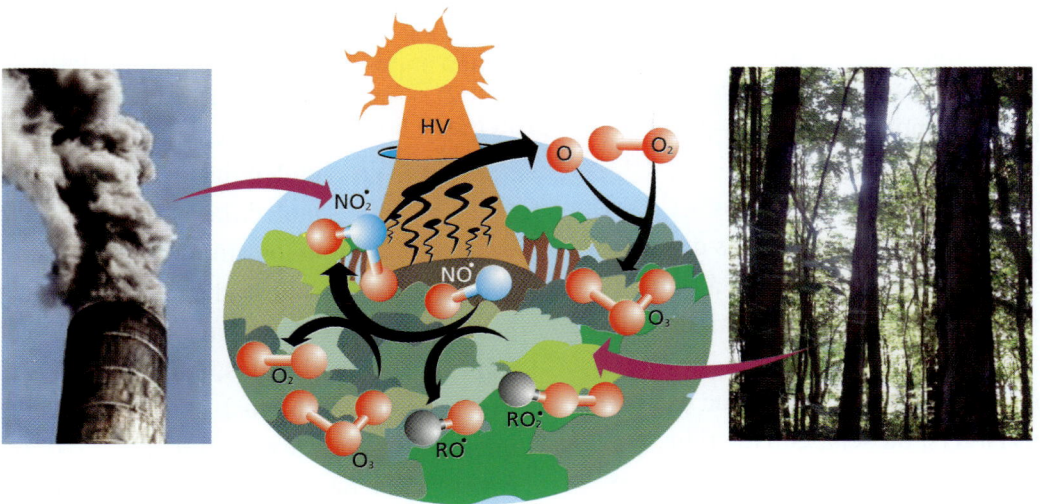

Fig. 1.17 Reações de radicais livres na atmosfera, como aquelas dos NOx (NO• + NO$_2$•, óxidos de nitrogênio). Estes são poluentes resultantes da combustão incompleta de combustíveis fósseis, e podem levar à destruição da camada de ozônio (O$_3$). As árvores liberam gases como metano, gás carbônico e oxigênio, contribuindo também com as reações radicalares

Fig. 1.18 Representação simplificada do modelo atômico de Niels Bohr. Neste modelo, os elétrons habitam camadas, cada qual associada a um determinado nível de energia que aumenta com a distância do núcleo. Este é constituído de duas partículas de massas similares, os prótons (positivos) e os nêutrons (sem carga). O número de prótons e o número de prótons + nêutrons definem o número atômico e o número de massa de um elemento, respectivamente. Num átomo neutro, o número de elétrons é igual ao número de prótons. Como a massa do elétron é desprezível se comparada àquelas do nêutron e do próton (1.836 vezes menor), praticamente toda a massa do átomo vem de seu núcleo

tivos) e os nêutrons (sem carga) – e os elétrons circundantes (negativos e de massa desprezível em comparação àquela de prótons e nêutrons).

Surgiram novos modelos atômicos e o antigo conceito de valência foi substituído pelo de ligação química, a maneira como átomos se combinam para formar arranjos estáveis (moléculas, íons e complexos supramoleculares).

A natureza das ligações químicas foi decifrada pelo trabalho de vários pesquisadores, dentre eles Walther Kossel (alemão, 1888–1956), Gilbert Lewis (norte-americano, 1875–1946), John Slater (norte-americano, 1900–1976), Walther Heitler (irlandês, 1904–1981), Friedrich Hund (alemão, 1896–1997) e Linus Pauling (norte-americano, 1901–1994). Dentre todos eles, Pauling foi o mais influente. Em 1954, recebeu o Prêmio Nobel de Química por suas contribuições para a compreensão da ligação química e da estrutura de moléculas e cristais, e por aplicar esses conceitos para a elucidação da estrutura das biomoléculas – em particular, das proteínas. Até hoje, vários cientistas procuram entender em detalhes todos os possíveis tipos de ligação e interação químicas, inclusive as denominadas interações fracas (ligações que, individualmente, são mais fracas que as covalentes) que são essenciais para a manutenção das estruturas tridimensionais e, consequentemente, das funções das biomoléculas e de seus complexos supramoleculares (Figs. 1.2, 1.14 e 1.15).

todos os livros de química orgânica publicados antes de 1930 continuaram a negar a existência deles. Àquela época a difusão do conhecimento era lenta, mesmo entre os pesquisadores. A maioria trabalhava isoladamente em campos específicos como química orgânica, química inorgânica e físico-química. Além disso, muitos conceitos novos estavam aparecendo ao mesmo tempo. A partir das primeiras décadas do séc. XX, as noções de valência, átomos e ligações químicas foram profundamente alteradas.

Os físicos tinham demonstrado que os átomos eram divisíveis, ou seja, constituídos por outras "partículas fundamentais". Dentre as mais relevantes para os químicos, citamos os núcleos, constituídos por dois tipos de partículas de massa similar – os prótons (posi-

> Complexos supramoleculares são formados pela reunião de várias moléculas diferentes, a qual produz um conjunto com estruturas e funções bem definidas. Um bom exemplo é a membrana mitocondrial (Fig. 1.2), formada por proteínas e lipídios

Os novos modelos atômicos e moleculares levaram a uma definição de radical livre mais geral do que o "carbono trivalente" de Gomberg. Radicais livres são espécies (moléculas, íons) que contêm elétrons livres (desemparelhados). Por isso mesmo, presume-se que todos sejam extremamente reativos, o que não é verdade... Basta lembrar do radical trifenilmetila, estável o suficiente para ser observado em solução (Fig. 1.16), apreciar o radical 5,5-dimetilpirrolina-N-óxido(tempol), que é tão estável que forma lindos cristais alaranjados (Fig. 1.19) ou, ainda, notar que o oxigênio molecular é um di-radical (veja no *Saiba Mais* deste capítulo). De fato, para a compreensão dos conceitos contemporâneos de radicais livres e oxidantes é importante uma visão, mesmo que simplificada, de como os elétrons se distribuem nos orbitais atômicos e moleculares.

Ao redor de 1940, os radicais livres estavam bem aceitos como intermediários de reações químicas em fase gasosa e também em solução. Os principais mecanismos para a produção de radicais livres também foram elucidados (Fig. 1.20). Radicais livres podem ser produzidos pela quebra de ligações covalentes (homólise), às quais se fornece energia na forma de calor, luz, raios X ou raios gama, dependendo da força da ligação que está sendo rompida (veja no *Saiba Mais* deste capítulo). Já nos organismos vivos o mais comum é o surgimento de radicais livres a partir de transferência de elétrons, por meio de reações "redox", de óxido-redução (Fig. 1.20).

◎ **Radicais livres como utilitários**

A química dos radicais livres avançou bastante durante e após a Segunda Guerra Mundial porque a ocupação japonesa do sudeste asiático cortou os suprimentos de borracha natural para os EUA e os químicos foram incentivados a encontrar um substituto.

Eles chegaram à borracha de estireno-butadieno (Fig. 1.21), um polímero cuja produção atual nos EUA atinge 2,2 milhões de

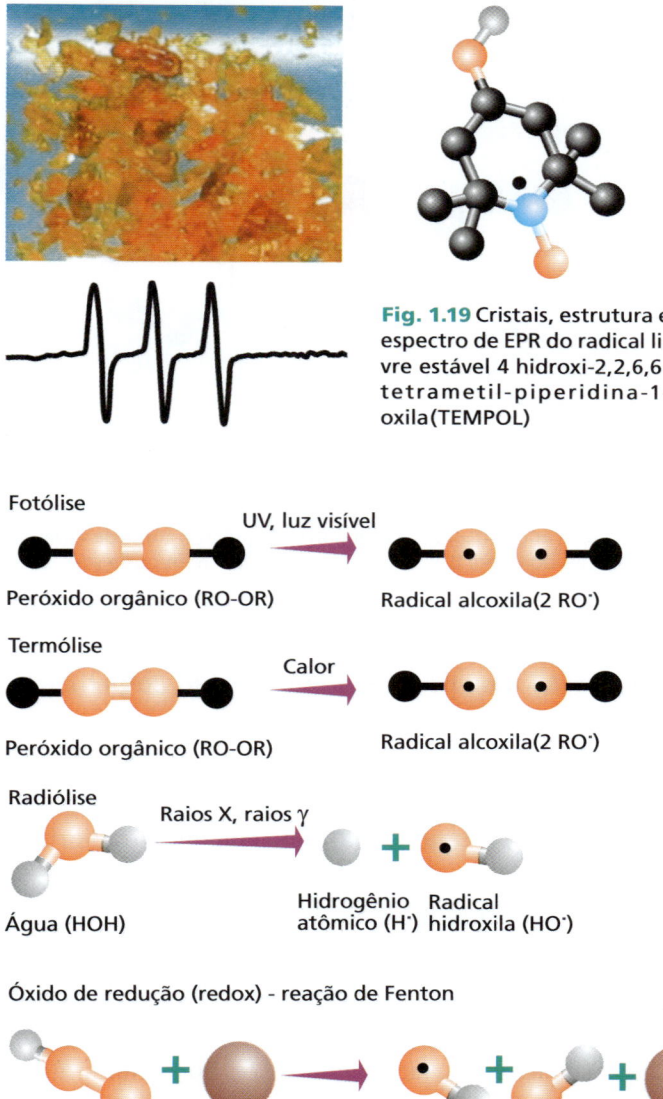

Fig. 1.19 Cristais, estrutura e espectro de EPR do radical livre estável 4 hidroxi-2,2,6,6-tetrametil-piperidina-1-oxila (TEMPOL)

Fig. 1.20 A produção de radicais livres pode ocorrer pela quebra de ligações covalentes (homólise) em conseqüência do fornecimento de energia como luz (fotólise), calor (termólise) ou radiação de alta energia (radiólise). A produção de radicais livres também ocorre por transferência de elétrons (reações redox) como exemplificado para a reação de Fenton, que é considerada muito importante na Biologia

Fig. 1.21 A extração de borracha no sudeste asiático foi interrompida pela guerra. Mas a química encontrou uma solução

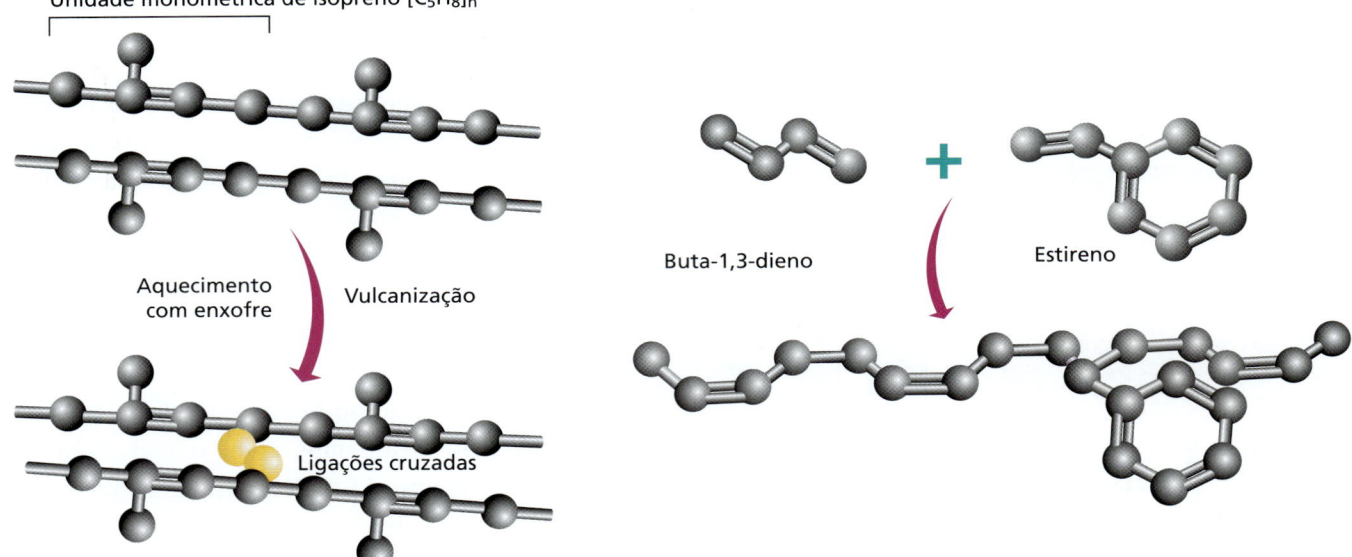

Fig. 1.22 A borracha natural, um polímero de adição do monômero isopreno, tem sua elasticidade aumentada pela adição de enxofre. É a vulcanização, processo descoberto acidentalmente por Charles Goodyear, que forma pontes dissulfeto (-S-S-). Esse tipo de ligação, quando ocorre entre dois resíduos do aminoácido cisteína em proteínas, é importante para estrutura e função de ambas. A borracha de estireno-butadieno, um co-polímero de buta-1,3-dieno e estireno misturados numa proporção 1:3, foi desenvolvida durante a Segunda Guerra Mundial e é mais resistente a abrasão e oxidação do que a borracha natural – e também pode ser vulcanizada

metros cúbicos por ano, sendo 40% dela destinados à fabricação de pneus. Para se chegar ao substituto da borracha, muitos avanços no conhecimento sobre as reações radicalares foram essenciais. Elas envolvem as fases de iniciação, propagação (que permite o crescimento do polímero) e terminação (Fig. 1.23).

Assim, entender a química de todos esses processos em fase aquosa e em emulsões foi importante para controlar as características do produto final. Apesar disso, Cheves Walling (americano, 1923), um dos químicos mais ativos à época, afirmou, em seu livro de memórias publicado em 1995, que o conhecimento básico não teve impacto imediato na produção de borracha sintética pelos EUA na época da Segunda Guerra Mundial. Segundo ele, o salto de uma produção praticamente nula em 1941 para 750.000 toneladas em 1945 ocorreu devido à engenharia de um processo alemão anterior à guerra. Mas, se o impacto não foi imediato, ele foi duradouro. A maioria dos processos industriais para obtenção dos vários polímeros que fazem parte da

Iniciação (fase aquosa)

RO-OH + EDTA-Fe^{+2} ⟶ RO$^{\cdot}$ + EDTA-Fe^{+3} + HO^{-}

Propagação (interface hidrocarboneto-água)

RO$^{\cdot}$ + M ⟶ ROM$^{\cdot}$

ROM$^{\cdot}$ + M ⟶ ROMM$^{\cdot}$ $\xrightarrow[n-3x]{M}$ ROM$_n^{\cdot}$

Terminação

ROM$_n^{\cdot}$ + RO$^{\cdot}$ ⟶ ROM$_n$OR (terminação pelos radicais primários)

ROM$_n^{\cdot}$ + RSH ⟶ ROM$_n$H + RS$^{\cdot}$ (terminação induzida)

Fig. 1.23 A maioria das reações radicalares envolve reações em cadeia, representadas na figura. Nelas, um radical reage com um composto, em reações de adição ou de abstração de hidrogênio (iniciação). Forma-se, assim, um novo radical livre que pode continuar reagindo, formando novos radicais, e assim sucessivamente (propagação). O processo termina quando dois radicais reagem entre si (terminação). O esquema mostra as reações envolvidas na síntese da borracha de estireno-butadieno. ROOH é um peróxido orgânico, M representa o monômero e RSH representa um sulfidrila adicionado para controlar o tamanho do polímero

os radicais livres aparecem na química

Fig. 1.24 Os radicais livres são protagonistas em reações altamente rentáveis para a indústria química. A produção de polímeros e medicamentos são dois bons exemplos

Além disso, reações radicalares estão sendo cada vez mais empregadas na eliminação de poluentes de solos e de recursos hídricos – a chamada remediação (Fig. 1.25). Assim, o domínio da vertente poluidora ou da vertente remediadora da química depende do nosso conhecimento e do nosso empenho em exigir dos governantes políticas reguladoras adequadas.

vida moderna é baseada em processos radicalares. E como podemos prever, o conhecimento e a tecnologia desses processos são dominados por companhias gigantes, multinacionais, muitas das quais com sede nos EUA, país onde trabalharam muitos dos pioneiros da química de radicais livres.

A produção de polímeros é, em termos quantitativos, a mais importante aplicação industrial das reações radicalares (Fig. 1.24). Mas essas reações, bem como as de oxidação, são também utilizadas industrialmente para obter muitos outros produtos químicos, inclusive intermediários para a produção de medicamentos.

Fig. 1.25 Descontaminação de organoclorados de solo por meio do radical hidroxila produzido a partir da reação de Fenton. Acima, um teste laboratorial do sistema na eliminação de diferentes concentrações de tricloroeteno e uma aplicação prática na estação naval aérea de Pensacola, Flórida (EUA)

Saiba Mais

◉ **Distribuição eletrônica, oxigênio molecular, metais de transição e radicais livres**

As idéias sobre a formação de moléculas e íons foram bastante alteradas com a introdução da mecânica quântica e sua adaptação à química em 1926 por Erwin Schördinger (austríaco, 1887-1961), que desenvolveu equações matemáticas para descrever o movimento do elétron (partícula-onda) em termos de sua energia.

Surgiu o conceito de orbital atômico como a região do espaço onde a probabilidade de encontrar o elétron é maior. Existem diferentes tipos de orbitais com formas, tamanhos e arranjos diversos em relação ao núcleo (no caso de átomos, elementos e íons) ou núcleos (no caso de moléculas), que vão sendo ocupados pelos elétrons de forma a resultar no arranjo mais estável (de menor energia).

Para explicar o comportamento de átomos e moléculas, os cientistas estabeleceram regras de distribuição dos elétrons nos orbitais. Dentre elas destaca-se o princípio da exclusão de Wolfgang Pauli (austríaco, 1900-1958) que diz: "No máximo dois elétrons podem ocupar qualquer orbital, e para isso eles devem ter *spins* opostos." *Spin* é uma propriedade do elétron que, sendo uma "partícula" carregada em contínua rotação, comporta-se como um minúsculo ímã que pode se orientar a favor (menor energia, número quântico de *spin* (m_S) = $-½$) ou contra (maior energia, número quântico de *spin* (m_S) = $½$) um campo magnético externo (Fig. 1).

Essa propriedade possibilita detectar espécies com elétrons desemparelhados (radicais livres e metais de transição), por meio do instrumento de EPR. Num átomo, íon ou

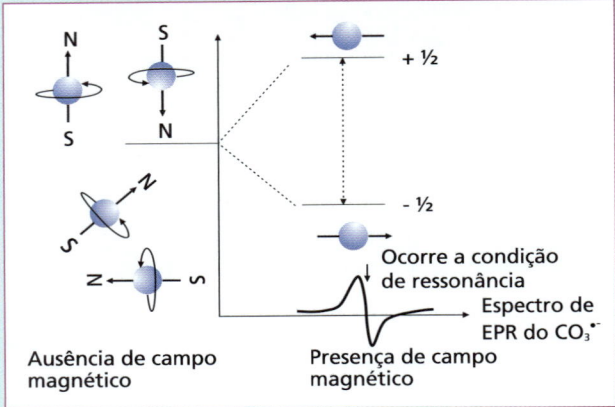

Fig. 1 Representação de elétrons como partículas negativamente carregadas em rotação em ausência e presença de um campo magnético externo. Em ausência de campo magnético, os *spins* se orientam ao acaso e, na média, possuem o mesmo estado de energia. Em presença de um campo magnético externo, os *spins* têm duas orientações possíveis (pelas regras quânticas), a favor (menor energia) ou contra (maior energia) o campo magnético. Assim, aplicando um campo magnético externo, os elétrons livres dos radicais livres são divididos em duas populações com uma pequena diferença de energia. Essa diferença é base da espectroscopia de ressonância paramagnética, que é a única metodologia, até agora, para detectar radicais livres diretamente. No instrumento de EPR, a amostra é colocada num ímã e irradiada com uma fonte de microondas que fornece a energia necessária para a ressonância (igual à diferença de energia entre os dois estados de *spin* possíveis). A absorção dessa energia é medida e fornece o espectro de EPR que é característico do radical livre. Nos instrumentos de EPR, a energia da radiação é mantida e se registra o campo magnético (B) da condição de ressonância como a primeira derivada da curva de absorção, o que explica a forma do espectro (como mostrado para o ânion radical carbonato)

> Os metais de transição, aqueles que ficam na parte central da tabela periódica (assim chamados porque fazem uma transição entre o bloco dos grupos 1 e 2 e o bloco dos grupos 13 a 18) têm propriedades que os tornam especialmente atraentes para a indústria, como alta refletividade, brilho metálico e alta condutividade térmica e elétrica. As cores de alguns desses metais também fazem com que eles se tornem pigmentos bastante úteis, como o azul-cobalto, o amarelo-cromo e o amarelo-cádmio

> A ressonância paramagnética eletrônica, EPR da sigla em inglês, é o equipamento usado para mapear a distribuição de um elétron desemparelhado em uma molécula. A técnica foi descoberta em 1945 e tem uma ampla gama de aplicações em química, física, biologia, e medicina

molécula, elétrons de *spin* opostos são ditos emparelhados e elétrons de mesmo *spin* são ditos desemparelhados. Os elétrons desemparelhados tendem a ficar tão distantes quanto possível, em termos energéticos.

De interesse para a biologia dos radicais livres é a aplicação de regras de distribuição eletrônica a um metal de transição como o $_{26}$Fe (26 elétrons): nota-se que o metal e seus íons Fe^{+2} e Fe^{+3} possuem elétrons desemparelhados em seus orbitais atômicos (Fig. 2). Outros metais de transição abundantes em sistemas biológicos são o cobre ($_{29}$Cu) e o manganês ($_{25}$Mn),

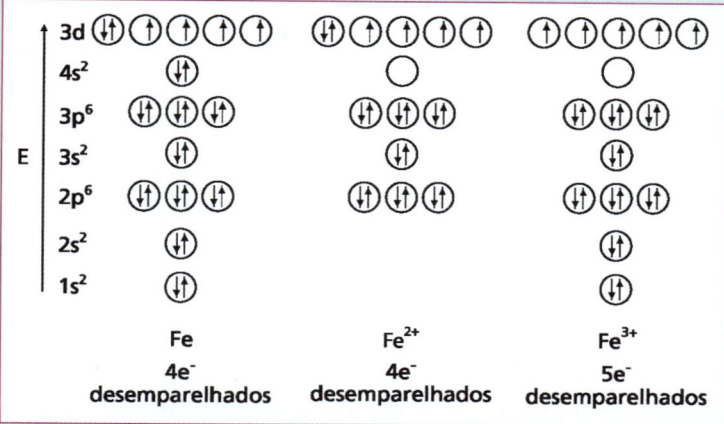

Fig. 2 Distribuição eletrônica dos elétrons do átomo de ferro ($_{26}Fe$, 26 prótons e 26 elétrons) e nos seus íons usuais, Fe^{+2} e Fe^{+3}, formados pela perda de dois e três elétrons do átomo de ferro, respectivamente. Note que o metal e seus íons possuem elétrons desemparelhados

que também possuem elétrons desemparelhados.

No caso de moléculas, os elétrons são distribuídos nos orbitais moleculares segundo as regras de distribuição. Aplicando-as para a combinação de dois átomos de oxigênio ($_8O$), a fim de formar o oxigênio molecular ($_{16}O_2$), nota-se que dois elétrons também resultam desemparelhados (Fig. 3). A presença de dois elétrons desemparelhados em moléculas é bastante incomum e uma importante característica do oxigênio molecular.

As distribuições eletrônicas sinalizam como são estabelecidas as ligações iônicas ou covalentes e as propriedades dos arranjos resultantes. A ligação iônica resulta da transferência de elétrons de um elemento que tem tendência de perder elétrons – como o ferro – para um que tenda a receber elétrons – como o oxigênio. Assim, ferro (+3) e oxigênio (-2) formam a hematita (Fe_2O_3), estabilizada por interações eletrostáticas entre os íons de carga diferente (cátion, de carga positiva, e ânion, de carga negativa). Quando os elementos que se combinam têm tendência de receber elétrons, eles passam a compartilhá-los (não necessariamente da mesma maneira), por meio do preenchimento dos orbitais moleculares resultantes da combinação dos orbitais atômicos correspondentes, formando a chamada ligação covalente. Dessa maneira, o oxigênio molecular é formado pela combinação de dois átomos de oxigênio por ligação covalente (Fig. 3). As características da ligação covalente, como força, comprimento e direção, dependerão dos tipos de orbitais moleculares ocupados. Por exemplo, a molécula de oxigênio requer 402 kJ/mol (96 kcal/mol) para ser quebrada nos átomos constituintes e, portanto, é mais estável que os constituintes em 402 kJ. Grosseiramente, essa é a quantidade de energia necessária para levar 1 litro de água à ebulição. Assim, pode-se

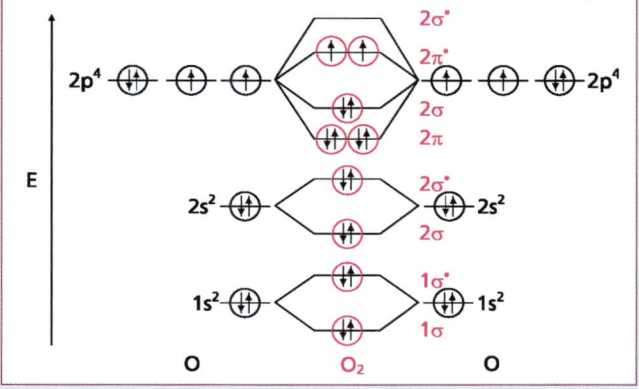

Fig. 3 Distribuição eletrônica dos elétrons de dois átomos de oxigênio ($_8O$) nos orbitais atômicos e suas combinações que resultam nos orbitais moleculares preenchidos na molécula de oxigênio (O_2). Note que o oxigênio molecular fica com dois elétrons desemparelhados

considerar que a força da ligação entre dois átomos de oxigênio para formar oxigênio molecular, O_2, é intensa. Ou seja, o oxigênio molecular é razoavelmente estável, como sabemos de nossa experiência quotidiana. Esse é o caso da maioria das moléculas formadas por ligação covalente, cujas energias de ligação variam entre 150 a 950 kJ/mol.

Mas o oxigênio molecular tem características bastante peculiares. Embora estável, é só aparecer uma faísca (como ocorre em nossos automóveis) e o combustível queima, ou seja, reage com o oxigênio molecular liberando grande quantidade de energia. De fato, a maioria das reações do oxigênio molecular é lenta mas, uma vez iniciadas ou catalisadas, liberam grande quantidade de energia. Em outras palavras, as reações do oxigênio molecular são desfavorecidas pela cinética, mas muito favorecidas pela termodinâmica. Isso é conseqüência do fato do oxigênio molecular possuir dois elétrons desemparelhados, enquanto a grande maioria das moléculas orgânicas tem todos os elétrons emparelhados. Assim, o oxigênio não pode receber um par de elétrons da maioria das moléculas porque teria que ocorrer uma inversão de *spin* (proibido pela regra da conservação do *spin*).

Na verdade, o oxigênio tem tendência de receber um elétron por vez (Fig. 4). O oxigênio reage com velocidades razoáveis só com espécies que podem transferir um elétron por vez (e elas são poucas, só as que se tornam radicais livres estabilizados como seria o caso de Bm_2, veja Fig. 4), ou com espécies que também possuem elétrons desemparelhados como outros radicais livres e metais de transição. Não surpreende assim que objetos de ferro (que contêm elétrons desemparelhados) enferrujem continuamente e sem demanda de faíscas; enferrujar é a reação do ferro com oxigênio para formar hematita, entre outros produtos. Não surpreende, também, que a maioria das enzimas que catalisam reações de oxidação nos organismos vivos possua metais de transição em seus sítios ativos. Tampouco pode surpreender o fato de que falaremos cada vez mais da relação entre oxigênio, radicais livres e metais de transição. Num sentido amplo, o oxigênio molecular e metais de transição podem ser considerados radicais livres. O convencional, todavia, é definir

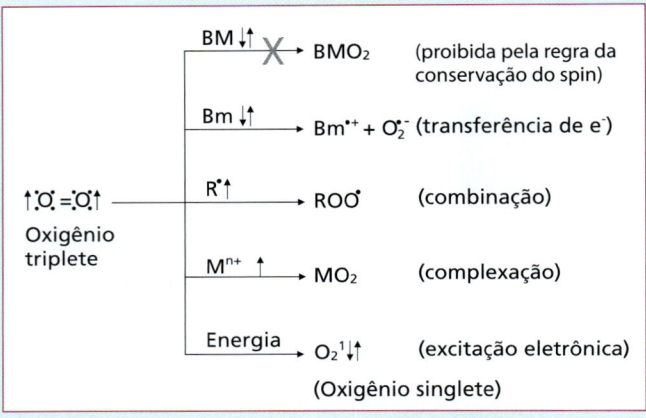

Fig. 4 Esquema da reatividade do oxigênio molecular (O_2). Com dois elétrons desemparelhados (triplete) o oxigênio molecular não pode receber dois elétrons da maioria das moléculas orgânicas e biomoléculas (BM) porque elas tem os elétrons emparelhados (singlete). Teria que ocorrer uma inversão de *spin* para que eles emparelhassem com os do oxigênio molecular. O oxigênio tem tendência de receber um só elétron, e isso só é possível pela reação com moléculas (Bm) que formem radicais estabilizados ($Bm^{\bullet+}$) ou que tenham elétrons desemparelhados, como radicais livres ($R^{\bullet}$) ou metais de transição (M^{n+}). O oxigênio molecular pode receber energia (de uma molécula excitada por luz, por exemplo) e emparelhar seus elétrons, formando estados excitados (oxigênios singletes, $^1\Delta gO_2$ e $^1\Sigma^+O_2$). Nesses casos, a reatividade do oxigênio molecular com biomoléculas aumenta porque deixa de existir a necessidade de inversão de *spin*. O oxigênio singlete de maior interesse na Biologia é o $^1\Delta gO_2$, que tem uma energia de 93,6 kJ (22,4 kcal) acima do oxigênio molecular no estado fundamental

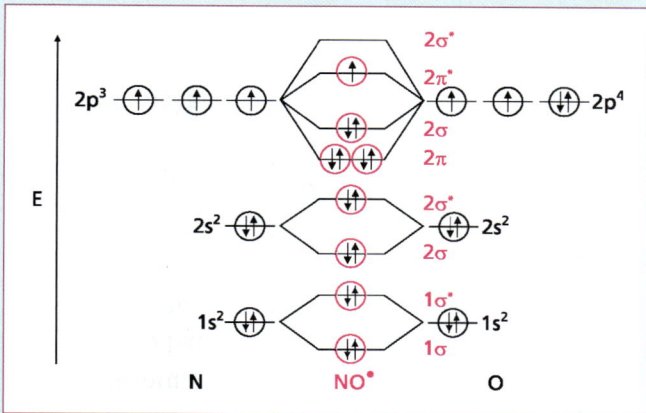

Fig. 5 Distribuição eletrônica dos elétrons de um átomo de nitrogênio ($_7$N) e de um átomo de oxigênio ($_8$O) nos orbitais atômicos, e suas combinações que resultam nos orbitais moleculares da molécula de óxido nítrico (NO$^\bullet$). Note que o óxido nítrico tem um elétron desemparelhado e é um radical livre pela definição clássica – por isso se usa na sua fórmula um ponto no lado esquerdo superior por convenção. Muitos autores continuam colocando o ponto no átomo em que é maior a probabilidade de encontrar o elétron livre, e muitas vezes o óxido nítrico é formulado como $^\bullet$NO

radical livre como espécie (molécula/íon) com um elétron desemparelhado e só nesses casos mostrar o elétron livre (como um ponto no canto superior direito) nas fórmulas químicas.

Uma molécula que é um radical livre no senso estrito, contendo um elétron desemparelhado, é o óxido nítrico. Formado pela combinação de um átomo de oxigênio ($_8$O) com um de nitrogênio ($_7$N) (Fig. 5), esse radical livre está ocasionando uma revolução na biologia, como você ainda verá a seguir.

RADICAIS LIVRES COMO MAUS À VIDA

Cenas da Vida Diária 2:

OS VELHOS DE CHERNOBYL

Às 9h30min da manhã do dia 27 de abril de 1986, os monitores de radiação da Central Nuclear de Forsmark, na Suécia, detectaram algo bastante preocupante: níveis anormais de iodo e cobalto, indicando vazamento de radiação. Aos poucos, descobriu-se que o problema não estava na Suécia. Vinha de longe, da República da Ucrânia, então uma parte integrante da União Soviética. Mas foi somente no dia 28 que o governo ucraniano admitiu: dois dias antes havia ocorrido uma explosão na Central Nuclear de Chernobyl. Toda a cidade teve que ser abandonada. Hoje, uma área equivalente a um Portugal e meio (140 mil km²) está deserta.

Não demorou para que muita gente visse na catástrofe de proporções tão gigantescas o cumprimento de uma profecia apocalíptica. Chernobyl, em russo, significa absinto ou losna, planta de gosto amargo. E o livro de Apocalipse 8.11 fala de uma estrela chamada Absinto que "cai sobre um terço dos rios e sobre as fontes de água (...) e muitos dos homens morreram por causa das águas, porque foram feitas amargas".

Mas ainda não era o fim do mundo, e os cientistas tiveram vários anos para acompanhar os efeitos da radiação sobre a população de Chernobyl. Recentemente, um estudo realizado por pesquisadores russos revelou que cerca de 80% das pessoas que trabalhavam na usina têm, hoje, idade biológica superior aos habitantes de Kiev, que não foram expostos à radiação. A explicação para o fato? Provavelmente o envelhecimento acelerado dos trabalhadores é provocado pelos radicais livres gerados pela radiação, comprovando teorias que já haviam sido apresentadas em 1954 pelo norte-americano Denham Harman. E da mesma forma que os radicais livres estão vinculados ao envelhecimento celular, eles também teriam papel fundamental no desenvolvimento de doenças degenerativas como arteriosclerose, câncer, hipertensão, catarata...

> E se você pensa que está a salvo, porque nunca morou em Chernobyl, vale lembrar que não é apenas a radiação que aumenta a formação dos radicais livres. Efeitos semelhantes – embora, talvez, com diferentes intensidades – podem ter o stress, a poluição e a má alimentação, apenas para citar algumas das condições que afetam quase toda a população do planeta.

◎ Radicais livres como estranhos e maus à vida

Enquanto a química dos radicais livres florescia, em meados do séc. XX, pouquíssimos investigadores das áreas biológicas se interessavam pelo assunto. Os poucos interessados estudavam o efeito de radiações de alta energia, como raios X e raios gama, sobre organismos vivos. Até que, ao final da Segunda Guerra Mundial, duas bombas explodiram e levantaram nuvens de poeira em forma de cogumelo, espalhando morte e destruição. Nos anos seguintes, a Guerra Fria marcou pelo medo de uma iminente catástrofe nuclear (Fig. 2.1). Com o medo, surgiu a necessidade de se conhecer melhor a força do átomo.

Os estudos mostraram que radiações de alta energia incidindo em organismos vivos geram íons, estados excitados e radicais livres e, concomitantemente, causam danos a biomoléculas, mutação e morte celular (Fig. 2.2).

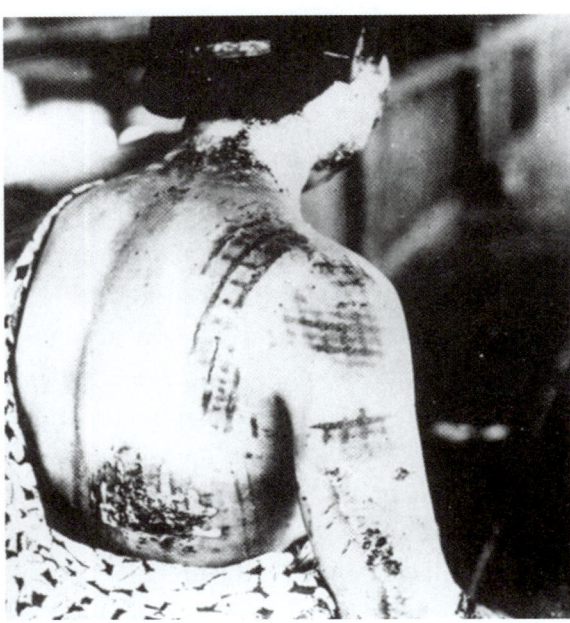

Fig. 2.1 Os efeitos provocados pelas bombas nucleares de Hiroshima e Nagasaki sobre a população sobrevivente assustaram o mundo e acordaram os cientistas para a necessidade de se conhecer melhor a força do átomo

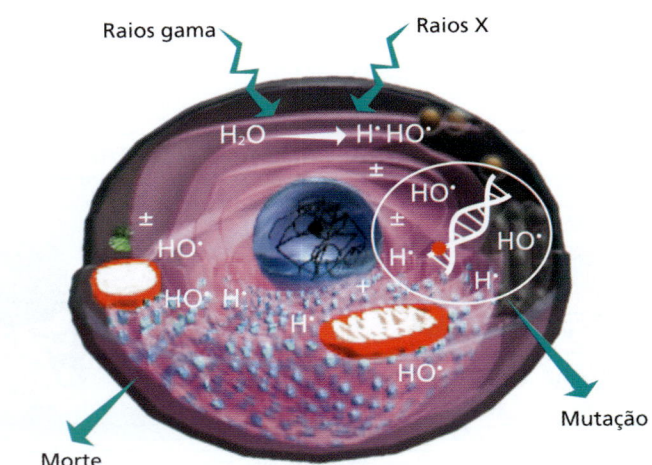

Fig. 2.2 Representação dos primeiros estudos dos efeitos de radiação de alta energia sobre organismos vivos. Estes levaram à generalização de que radicais livres eram produzidos em organismos vivos, com base em agentes externos, e seriam tóxicos

Camundongos submetidos à irradiação desenvolviam rapidamente tumores que, em situação normal, só ocorreriam em indivíduos de idade bastante avançada – camundongos vivem em média 25 meses. Essas e outras observações similares levaram a uma generalização que perdurou por muitos anos: a de que os radicais livres eram produzidos em organismos vivos a partir de agentes externos e eram, necessariamente, nocivos.

Tal conclusão, evidentemente, afastou mais ainda os pesquisadores interessados em entender os processos vitais. Se a produção de radicais livres dependia de agentes externos, ela não seria intrínseca à vida. Assim, só os pesquisadores das áreas de radiologia e toxicologia ocupacional (exposição de trabalhadores a radiações de alta energia) se preocupavam com os radicais livres e, principalmente, com as alterações que eles causavam em células e biomoléculas.

No período de 1947 a 1970, muito se aprendeu sobre as reações de radicais livres com biomoléculas, principalmente sobre as reações do radical hidroxila (HO•) com DNA e lipídios. Por um lado, o radical hidroxila era facilmente obtido a partir da radiólise da água (uma decomposição química provocada por radiação ionizante). Por outro lado, técnicas de purificação de biomoléculas e de produtos do metabolismo celular avançavam bastante. As estruturas das biomoléculas purificadas começavam a ser esclarecidas, tanto por difração de raios X (aplicável em biomoléculas no estado cristalino, o que nem sempre é fácil) como por técnicas espectroscópicas, como fotometria, ressonância magnética nuclear, infravermelho, dicroísmo circular etc. (aplicáveis em solução e que permitem acompanhar alterações estruturais promovidas por radicais livres em biomoléculas). Por exemplo: o radical hidroxila gerado por radiólise da água iniciava a oxidação de lipídios, a popular "rancificação" dos óleos e gorduras (Fig. 2.3), fenômeno conhecido desde a antiguidade e geralmente camuflado pela adição de temperos.

O mecanismo molecular do processo, hoje denominado peroxidação lipídica, começou a ser elucidado por químicos da empresa British Rubber na década de 1940. Não surpreendentemente, o processo engloba reações de iniciação, propagação e terminação que são típicas de processos radicalares (Fig. 2.4), e já foram mencionadas nos processos de polimerização (Fig. 1.22).

A relevância fisiológica da peroxidação lipídica foi sendo reconhecida à medida que aprendia-se mais sobre os constituintes das membranas biológicas, e sobre como suas propriedades podem ser alteradas pela ação de radicais livres. A formação de ligações cruzadas por reações de terminação radical-radical entre lipídio-lipídio e lipídio-proteína, bem como o encurtamento das cadeias lipídicas por processos degradativos levam, no geral, a um aumento da rigidez das membranas celulares – o que compromete suas funções (Fig. 2.5). Da mesma forma, a peroxidação de lipoproteínas como a LDL (o chamado colesterol ruim) altera propriedades e parece contribuir com o desenvolvimento da arteriosclerose (Fig. 2.5).

A maioria dos estudos iniciais em radiobiologia, contudo, priorizou as reações do radical hidroxila com o DNA. Afinal, além da morte, o efeito mais notório das radiações de alta energia sobre organismos inferiores como bactérias foram as mutações (Fig. 2.3), indicando lesão no DNA. De fato, organismos "mutados" surgem quando as informações para os processos vitais foram alteradas, ou seja, quando o DNA, que armazena as informações para todos os eventos metabólicos, sofreu algum tipo de lesão. Os processos são mais complicados em organismos superiores, como camundongos e homens, mas mutações em certos genes podem levar ao surgimento

Fig. 2.3 A manteiga é um produto fabricado pelo ser humano desde a Antiguidade. Que ela fica rançosa depois de algum tempo em contato com o ar, também já se sabe há muito tempo. A explicação desse típico fenômeno de oxidação é bem mais recente...

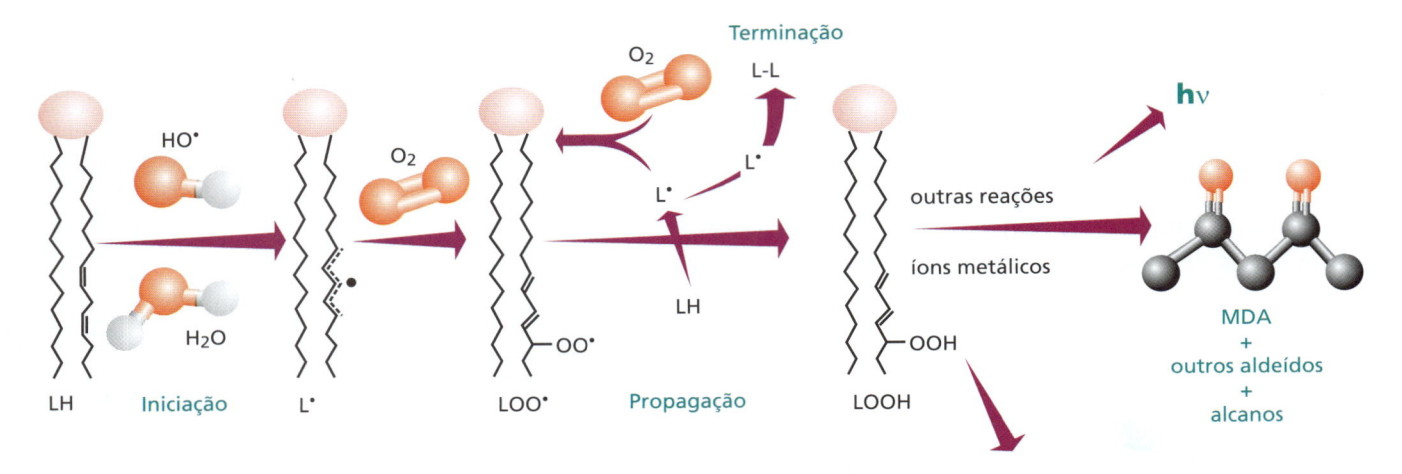

Fig. 2.4 Esquema do processo de peroxidação lipídica. Na fase de iniciação, um radical reativo como o radical hidroxila remove hidrogênio do ácido graxo insaturado do lipídio, produzindo um radical de lipídio (•L). Este reage com oxigênio molecular, formando um radical peroxila (LOO•), o qual abstrai hidrogênio de outro lipídio. Na fase de propagação, forma-se um hidroperóxido de lipídio (LOOH) e outro •L que reage com oxigênio, e assim por diante. Depois, na terminação, dois radicais se combinam e formam um não-radical. O hidroperóxido de lipídio (LOOH) pode sofrer outras reações, a maioria degradativa, que produzem aldeídos e alcanos de diferentes tamanhos (pesos moleculares). Esses produtos são utilizados para monitorar os processos de peroxidação lipídica em condições fisiológicas. São monitoradas, por exemplo, a emissão de luz de baixa intensidade (quimioluminescência) e a produção de malondialdeído (MDA), alcanos e hidroperóxidos. O teste mais comum é o colorimétrico, baseado na reação entre o MDA e o ácido tiobarbitúrico, chamado teste do TBA. Este precisa ser aplicado com bastante critério, porque vários componentes de fluidos biológicos produzem o mesmo produto colorido nas condições do ensaio

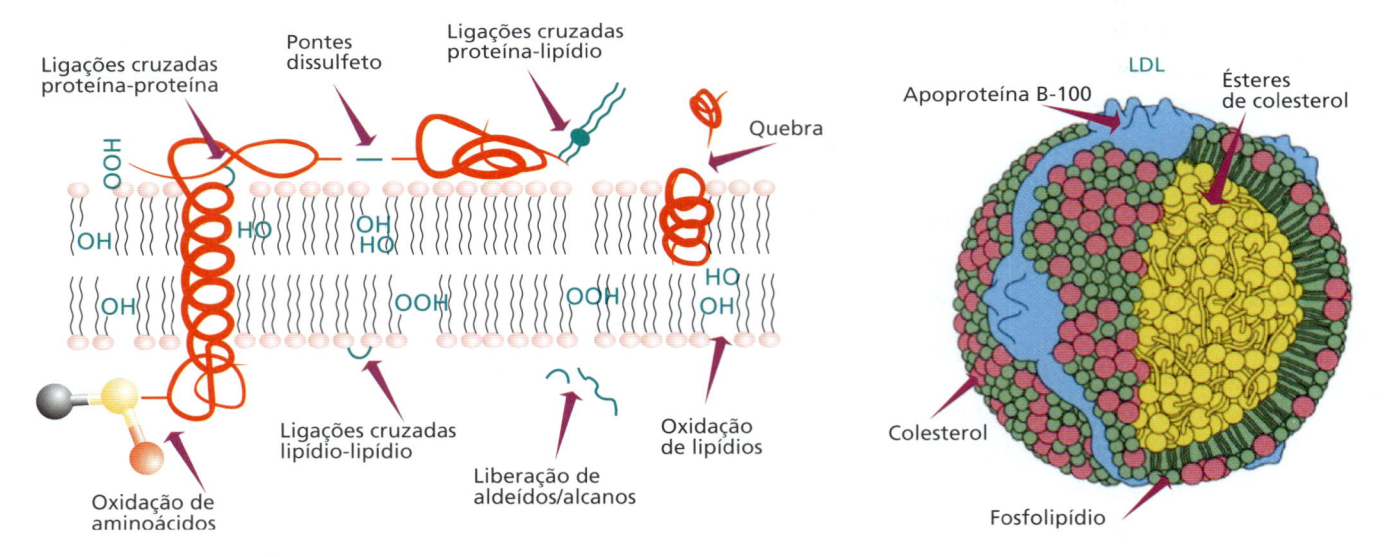

Fig. 2.5 A peroxidação de membranas biológicas (à esq.) gera diferentes produtos que, no geral, levam a um aumento de sua rigidez e conseqüente comprometimento das funções. Já a oxidação dos componentes lipídicos e protéicos da LDL (o maior transportador de colesterol do sangue, à dir.) parece contribuir com o desenvolvimento da arteriosclerose

de tumores, como no caso dos camundongos irradiados. E, de fato, verificou-se que o radical hidroxila podia "quebrar" o DNA e oxidá-lo. (Fig. 2.6).

Há provas de que o radical hidroxila ataca diferentes sítios do DNA, oxidando tanto a desoxirribose da cadeia açúcar-fosfato como as bases guanina, citosina, adenina e timina – principalmente a guanina,

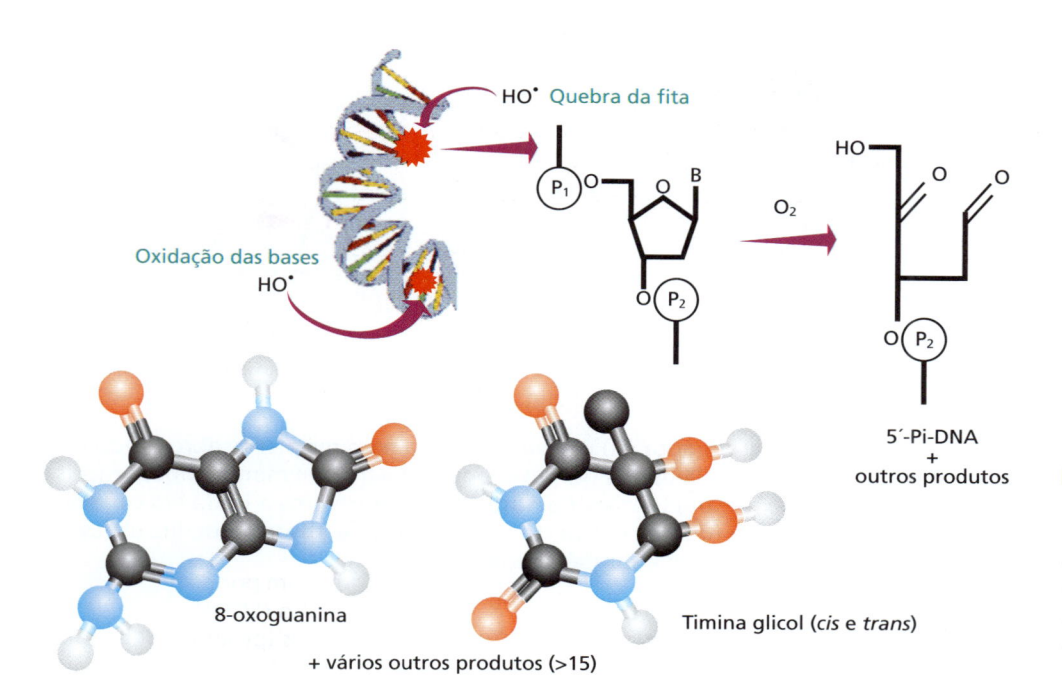

Fig. 2.6 Alguns dos vários produtos formados pela reação do radical hidroxila com o DNA. O radical hidroxila pode tanto quebrar as fitas de DNA como oxidar as bases emparelhadas

a base mais suscetível à oxidação. De qualquer forma, todas as alterações promovidas por oxidantes no DNA, suas preponderâncias em diferentes circunstâncias e suas conseqüências in vivo (em culturas de células) vêm sendo estudadas no presente, inclusive por vários grupos brasileiros, destacando-se os de Carlos Frederico Menck (Instituto de Ciências Biomédicas da USP), Marisa Medeiros e Paolo Di Mascio (ambos do Instituto de Química da USP).

Identificar os produtos de reações de biomoléculas purificadas em soluções aquosas com radicais livres produzidos em altas concentrações in vitro é só o primeiro passo para o desenvolvimento de metodologias que permitam detectar e quantificar tais produtos em animais experimentais e seres humanos, onde estarão presentes em baixíssimas quantidades. Desenvolver essas metodologias é ainda um grande desafio.

Os estudos em radiobiologia também foram importantes para que se aprendesse a gerar quantidades mensuráveis de diferentes radicais por meio de um intenso pulso de radiação ou flash de luz (Fig. 2.7). As propriedades de absorção e emissão de energia de diferentes freqüências dos radicais, chamadas propriedades espectroscópicas, foram definidas. Pelo acompanhamento de suas decomposições em ausência e em presença de biomoléculas em escalas de tempo muito pequenas, foi possível determinar as velocidades com que os radicais reagem com diversas biomoléculas. Nos primeiros estudos, essa escala de tempo era medida em microssegundos (10^{-6} s); hoje, os tempos são ainda menores.

Desde o início, aprendemos que o radical hidroxila reage com a maioria das biomoléculas de forma indiscriminada e muito rápida, ou seja, reage com constantes de velocidades controladas por difusão (controladas apenas pela velocidade do encontro entre as moléculas, Fig. 2.6). Isso significa que essas reações dependem principalmente da colisão entre os reagentes ("colidiu, reagiu"), da concentração dos reagentes e da viscosidade do solvente.

Em soluções aquosas, as constantes de velocidade de reações controladas pela difusão têm o valor de aproximadamente 10^9 $M^{-1}.s^{-1}$, que é a ordem de grandeza da maioria das reações do radical hidroxila (Fig. 2.8). Nesta unidade de medida de velocidade de reação

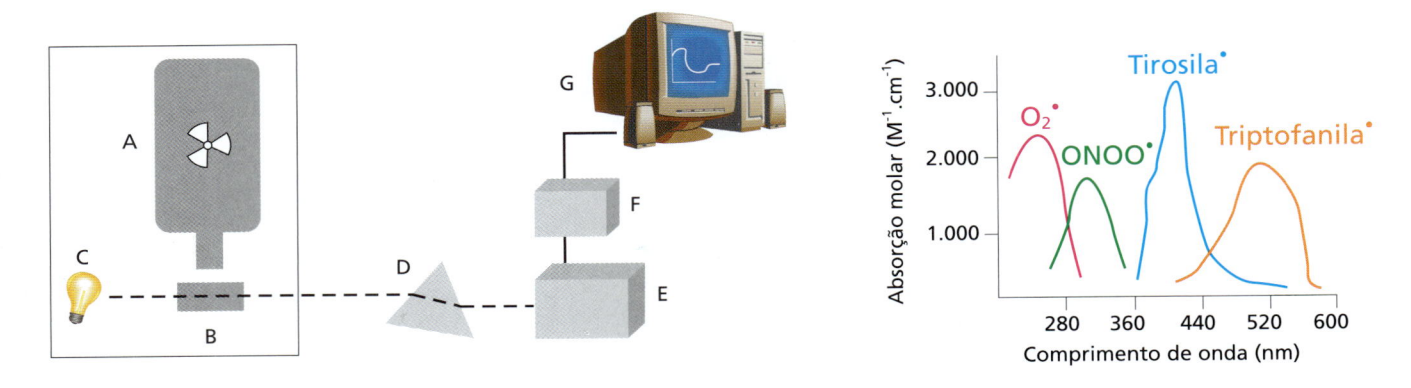

Fig. 2.7 Radiólise de pulso. Radiação ionizante de um acelerador (A) irradia a amostra num recipiente apropriado (B). Para registrar o espectro da espécie formada, a luz de uma lâmpada (C) passa pela amostra, um monocromador (prisma para selecionar o comprimento de onda desejado, D), um fotomultiplicador (que transforma a onda em corrente elétrica, E), um digitalizador (F) e o computador (G) que registra o espectro. O espectro de absorção de luz ultravioleta-visível de algumas espécies reativas de interesse biológico é também mostrado

química, M significa concentração molar e s é segundo. As constantes de velocidades estão hoje disponíveis em bancos de dados públicos, fornecendo as bases para a compreensão dos efeitos fisiológicos dos radicais livres – e, portanto, ajudando a pensar sobre seus alvos celulares.

Demonstrar que o radical hidroxila reage indiscriminadamente com biomoléculas e com altas constantes de velocidades só reforçou a generalização de que radicais livres eram necessariamente nocivos.

Embora a maioria dos investigadores biológicos considerasse os radicais livres estranhos à vida até 1970, dois pioneiros destoaram da maioria. Um deles foi Rebeca Gerschman (argentina, 1903-1986, Fig. 2.8), a primeiro cientista latino-americana de destaque que ajudou na compreensão das funções fisiológicas dos radicais livres. Ela foi brilhante ao propor, ainda em 1954, que o oxigênio era tóxico aos organismos vivos porque, como os raios X, produzia radicais livres. Sua hipótese de partida, baseada em sugestões anteriores (principalmente

de Otto Warburg e Leonor Michaelis), era a seguinte: durante a respiração, o processo no qual ocorre oxidação de nutrientes e geração de energia vital, o oxigênio poderia ser reduzido por passos de um elétron até água (Fig. 2.9).

Rebeca Gerschman não dispunha de metodologias para estudar os efeitos do oxigênio durante o me-

Espécie	Alvo	k (M^{-1}.s^{-1})
$O_2^{\bullet-}$	Tirosina	< 10^1
	GSH	< 10^1
	Ácido linocleico	< 10^{-2}
$HO_2^\bullet$	Tirosina	d
	GSH	$6{,}7 \cdot 10^5$
	Ácido linocleico	$1{,}2 \cdot 10^3$
$HO^\bullet$	Tirosina	$1{,}3 \cdot 10^{10}$
	GSH	$1{,}4 \cdot 10^{10}$
	Ácido linocleico	$2{,}5 \cdot 10^9$

d - não disponível

$R^\bullet + \text{Alvos} \xrightarrow{k}$

$$\frac{-d[R^\bullet]}{dt} = k[A][R^\bullet]$$

$$\frac{-d[R^\bullet]}{dt} = \frac{k[A][R^\bullet]}{k'}$$

$$t_{1/2} = \frac{\ln 2}{k'}$$

para $HO^\bullet$ - $k \sim 10^9 M^{-1}.s^{-1}$ e [A] =

$t_{1/2} < 10^{-9} s$

Fig. 2.8 Comparação entre as constantes de velocidade das reações do ânion radical superóxido ($O_2^{\bullet-}$) e sua forma protonada ($HO_2^\bullet$, com um próton a mais, que predomina em pHs ácidos), e do radical hidroxila ($^\bullet OH$) com alguns alvos biológicos. A constante de velocidade ajuda a estimar a meia vida ($t_{1/2}$) de um radical, ou seja, o tempo necessário para que metade da concentração do radical desapareça, em condições fisiológicas. Considerando-se o empacotado ambiente celular e a reatividade inespecífica do radical hidroxila, que é sua capacidade de reagir com tudo, podemos tomar as concentrações de seus alvos como de 1 M, e uma constante de velocidade média de 10^9 M^{-1}.s^{-1}. Esses valores indicam que o radical hidroxila dura menos do que 1 nanossegundo (10^{-9} s) em condições fisiológicas

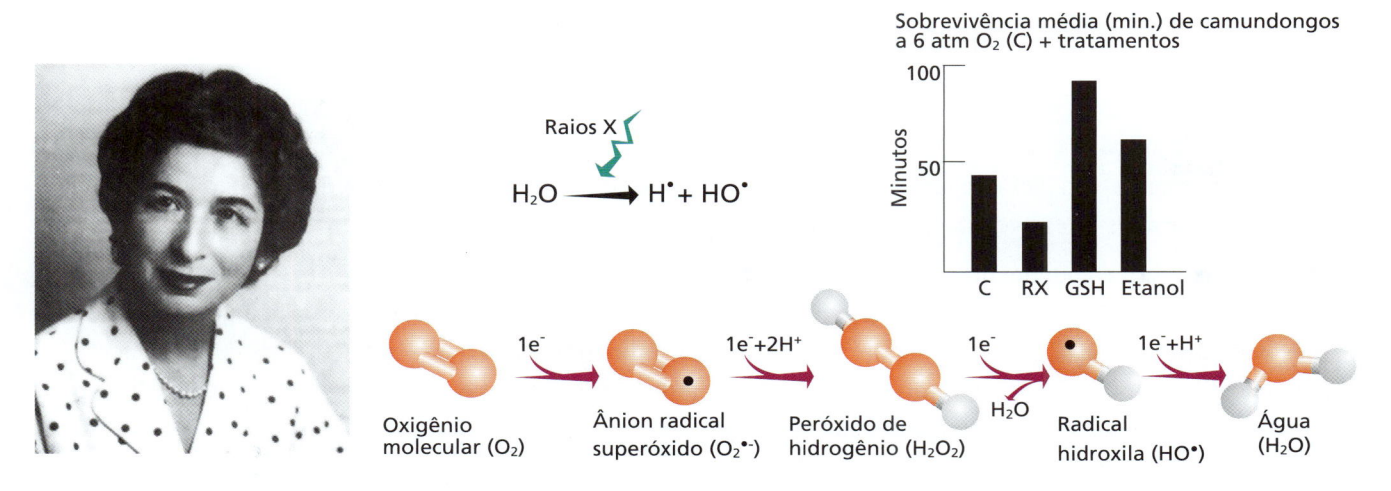

Fig. 2.9 Foto e experimentos pioneiros de Rebeca Gerschman. A cientista argentina demonstrou que altas pressões de oxigênio eram tóxicas a camundongos e que potenciavam a letalidade dos raios X. Também provou que radioprotetores como etanol e GSH (glutation) eram antioxidantes, concluindo que raios X e oxigênio molecular tinham um mecanismo comum de toxicidade, ou seja, a produção de radicais livres. Ela partiu de hipóteses anteriores, como a de que o oxigênio molecular, durante a respiração, seria reduzido por passos de um elétron, produzindo ânion radical superóxido, peróxido de hidrogênio, radical hidroxila e água

tabolismo normal, que verifica-se à pressão de oxigênio a que estamos submetidos na crosta terrestre (159 mmHg no nível do mar). Mas naquela época, trabalhando na Universidade de Rochester, em Nova Iorque, EUA, ela estudava o efeito de pressões hiperbáricas de oxigênio, ou seja, pressões maiores que 159 mm Hg no tempo de sobrevivência de camundongos. Além de confirmar a toxicidade do oxigênio, seus resultados mostraram que ele potencializava a letalidade dos raios X, ao passo que substâncias reconhecidamente radioprotetoras protegiam os camundongos da letalidade de altas pressões de oxigênio (Fig. 2.9).

Com esses dados, ela concluiu no trabalho publicado na revista Science, em 1954: "Dos experimentos descritos e das considerações apresentadas, parece que irradiação e envenenamento por oxigênio produzem alguns de seus efeitos letais, através de pelo menos um mecanismo comum, possivelmente a formação de radicais livres oxidantes." Com muita cautela, Rebeca Gerschman ofereceu uma explicação para o fato de o oxigênio ser tóxico aos organismos vivos, como descrito dois séculos antes por Lavoisier, Priestley e Scheele (Fig. 1.9). E, sem dúvida, ela forneceu a primeira evidência experimental de que o oxigênio podia produzir radicais livres em animais. Também mostrou que compostos radioprotetores eram "oxigênio-protetores" ou, como dizemos hoje, antioxidantes. Todavia, por ser pioneira e, quem sabe, mulher e latino-americana, as idéias de Rebeca Gerschman não foram aceitas de imediato. E mesmo quando as idéias predominantes começaram a mudar, seu trabalho valioso foi pouco reconhecido.

Um outro pioneiro que destoou das idéias em voga foi Denham Harman (norte-americano, 1916-, Fig. 2.10). Em 1954, ele propôs uma teoria de envelhecimento baseada em radicais livres. A proposta de Harman foi teórica, baseada nos estudos da química de radicais livres e da radiobiologia. Como camundongos jovens irradiados apresentavam tumores semelhantes aos de camundongos velhos, ele sugeriu que a exposição à radiação de alta energia seria um modelo de envelhecimento acelerado ocasionado pelos radicais livres produzidos. O envelhecimento normal seria conseqüência do acúmulo, em biomoléculas, de lesões promovidas pelos radicais livres produzidos durante o metabolismo normal.

RADICAIS LIVRES: bons, maus e naturais

> **Box 2.1 Menos calorias no prato, mais anos de vida**
>
> Se uma dieta de restrição calórica é capaz de aumentar a expectativa de vida de seres tão diversos quanto um protozoário e um rato, é de se esperar que o efeito seja semelhante em seres humanos. Mas, afinal de contas, o que é exatamente uma dieta de restrição calórica e como ela interfere na expectativa de vida humana? Essas ainda são questões a resolver, mas alguns estudos já trazem intrigantes conclusões.
>
> Experiências com camundongos portadores de um gene que favorece a obesidade, por exemplo, apresentam fortes indícios de que a simples restrição de gordura, proteína ou carboidratos – mas sem diminuição de calorias ingeridas – não é capaz de aumentar a longevidade. Em um primeiro experimento, animais geneticamente idênticos foram divididos em dois grupos: um recebendo alimento à vontade, e outro, tratado com restrição calórica. Ao final do teste, os camundongos mais magros haviam sobrevivido 50% mais do que os gordinhos. Será que o índice de gordura corporal foi o fator determinante para a longevidade?
>
> Para "tirar a prova dos nove", um novo experimento foi feito. Dessa vez, esses camundongos com tendência à obesidade foram comparados a animais não portadores do gene. Os dois grupos receberam o mesmo número de calorias na dieta. Ao final do teste, os ratos com gene para obesidade estavam, como era de se esperar, mais gordos: tinham 48% de gordura corporal, ao passo que a média do outro grupo era 13%. No entanto, a surpresa: a longevidade havia sido a mesma para os dois grupos.
>
> Não é, portanto, o índice de gordura, mas a restrição calórica que aumenta a expectativa de vida. Ainda não há respaldo científico para aplicar essa afirmação aos seres humanos. Contudo, já se sabe que populações que consomem dieta mais pobre em calorias vivem mais. É o caso dos moradores da ilha de Okinawa, no Japão, que consomem uma dieta em média 17% mais pobre em calorias do que no resto do país. Em Okinawa, a mortalidade por doenças cardiovasculares, derrame cerebral e certos tipos de câncer é de 31% a 41% mais baixa que a média japonesa. E o número de indivíduos centenários é quarenta vezes maior do que em qualquer outro lugar do mesmo país. Por isso, alguns autores acreditam que uma redução de 10% a 25% de calorias (mas sem perda de nutrientes essenciais) aumente mesmo a longevidade.

Fig. 2.10 Denham Harman, o primeiro cientista a propor que o envelhecimento seria conseqüência de lesões em biomoléculas, promovidas por radicais livres

Harman procurou suporte experimental para sua teoria, observando se radioprotetores (antioxidantes) prolongavam a vida dos camundongos. Embora o cientista confirmasse sua teoria, os resultados foram contestados em vários aspectos, inclusive por considerarem a vida média e não a vida máxima (tempo de vida dos mais longevos) dos camundongos. Hoje sabemos que a única intervenção terapêutica ou dietética que, de fato, aumenta a longevidade em até 50% de todas as espécies já estudadas e diminui características associadas ao envelhecimento – altos níveis de glicose e colesterol no sangue, hipertensão etc. – é a restrição calórica (Fig. 2.11). Uma dieta de "fome", mas balanceada em termos nutricionais.

radicais livres como maus à vida

	Dieta normal Média	Máximo	Restrição calórica Média	Máximo
Ratos Wistar	23 meses	33 meses	33 meses	47 meses
Aranha (*Frontinella communis*)	50 dias	100 dias	90 dias	139 dias
Pulga d'água (*Daphnia magna*)	30 dias	42 dias	51 dias	60 dias
Protozoários	7 dias	13 dias	13 dias	25 dias
Homem	75 anos	110 anos	97 anos	140 anos

Fig. 2.11 Comparação da aparência entre camundongos velhos, de 39 meses. Os dois do centro sofreram restrição calórica, e os dos extremos tiveram dieta normal. Fica evidente o aspecto mais saudável e jovial dos animais em restrição calórica. A tabela exemplifica o aumento da longevidade ocasionado pela restrição calórica, para diferentes espécies, o qual se aplica a todos os organismos já estudados. Fonte: *Scientific American, special edition: The science of staying young*, 2004 (adaptado)

◎ Os radicais livres se tornam naturais, mas continuam maus

Os pioneiros Gerschman e Harman foram praticamente esquecidos entre 1954 e 1970, enquanto progredia a compreensão dos mecanismos moleculares dos processos vitais, ou seja, enquanto a Bioquímica se tornava uma ciência da moda. Aumentou o número de bioquímicos profissionais, assim como o fluxo entre os universos químico e biológico. Nesse contexto, surgiu uma evidência concreta para a produção contínua de radicais livres em organismos vivos. Essa evidência foi a demonstração de que os mamíferos possuíam uma proteína cuja função era "consumir" um radical livre, o ânion radical superóxido. Este trabalho foi publicado em 1969, no *Journal of Biological Chemistry*, por dois pesquisadores norte-americanos: Joe McCord e Irwin Fridovich. A proteína continha íons de cobre (II) e zinco (II) e era conhecida há muito tempo. Ela fora purificada de hemácias bovinas e humanas em 1939 e 1959, respectivamente, mas sua função biológica permanecia um mistério. McCord e Fridovich demonstraram que a proteína era uma enzima porque catalisava uma reação, a dismutação do ânion radical superóxido, e a denominaram superóxido dismutase (Cu,Zn-SOD, Fig. 2.12).

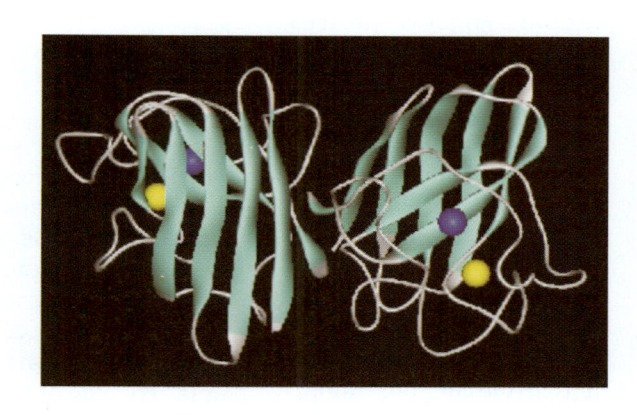

Fig. 2.12 Estrutura da enzima Cu,Zn-superóxido dismutase (SOD), cuja função foi descoberta por McCord e Fridovich em 1969. A enzima é composta por duas cadeias iguais, cuja massa molecular é de 15 kDa cada. Ambas contêm um íon de cobre (II) (esfera azul) e um de zinco (II) (esfera amarela)

A dismutação é um tipo de reação muito importante para a decomposição ou "consumo" de radicais livres: no processo, dois radicais livres iguais reagem, gerando produtos não radicalares. No caso do radical superóxido, um transfere elétron para o outro, de forma que o radical que perdeu elétron se transforma em oxigênio molecular, e o que recebeu, vira pe-

> Dismutação é uma reação química na qual um mesmo radical livre é oxidado e reduzido

róxido de hidrogênio (Fig. 2.13). Mas McCord e Fridovich não se limitaram a caracterizar a Cu,Zn-SOD. Eles mostraram que a enzima acelerava por várias ordens de grandeza a

Dismutação espontânea

$$O_2^{\bullet-} + O_2^{\bullet-} + 2H^+ \longrightarrow H_2O_2 + O_2 \quad k = 5{,}0 \times 10^5 \text{ M}^{-1}.\text{s}^{-1}$$

Dismutação espontânea

$$SOD - Cu^{+2} + O_2^{\bullet-} \longrightarrow SOD - Cu^+ + O_2$$

$$SOD - Cu^+ + 2O_2^{\bullet-} + 2H^+ \longrightarrow H_2O_2 + O_2 \quad k = 1{,}6 \times 10^9 \text{ M}^{-1}.\text{s}^{-1}$$

Fig. 2.13 Dismutação do ânion radical superóxido espontânea e catalisada pela enzima SOD1, como proposto por McCord e Fridovich. A enzima SOD acelera em mais de mil vezes a dismutação do ânion radial superóxido, como mostra a comparação dos valores das constantes de velocidades das reações. Os valores mostrados são atualizados, e não os estimados por McCord e Fridovich em 1969

dismutação do radical superóxido, que já é rápida mesmo em ausência deste catalisador. E, embora os autores tenham purificado a enzima de hemácias bovinas, eles mediram sua atividade em homogenatos de outros tecidos (como coração, cérebro, fígado e músculo esquelético) e até de outros animais.

Tomados conjuntamente, os dados mostravam que uma proteína cuja função era dismutar o radical superóxido fora preservada durante a evolução, e era abundante e amplamente distribuída em tecidos animais. Isso deveria significar que radicais livres, pelo menos o radical superóxido, eram produzidos constantemente pelos organismos vivos durante suas atividades metabólicas normais.

"Suco de tecido" seria uma boa explicação para homogenato, se não parecesse tão desagradável pensar num suco feito com rins, fígado ou cérebro. Homogenato é uma solução formada por células de um determinado tecido em suspensão líquida. Geralmente o homogenato é a mistura do material a um líquido como soro fisiológico, que depois é processada (Fig. 2.40)

A conclusão foi uma mudança de paradigma: os radicais livres deixaram de ser estranhos, uma conseqüência da ação de agentes externos, e passaram a naturais, produzidos nos organismos vivos. Na verdade, o trabalho de McCord e Fridovich inaugurou uma nova área de pesquisa: "radicais livres em biologia e medicina", que atualmente congrega investigadores de todo mundo, inclusive do Brasil, afiliados a sociedades científicas internacionais (*International Society for Free Radical Research* e *Society for Free Radical Biology and Medicine*) e com várias publicações especializadas (como *Free Radical Biology and Medicine, Free Radical Communications* e *Redox Report*, Fig. 2.14).

Voltando no tempo, é importante notar que McCord e Fridovich beneficiaram-se muito do conhecimento químico e bioquímico acumulado nos mais de vinte anos que separam o início da radiobiologia da caracterização da superóxido dismutase. Eles sabiam como obter, preservar e detectar o ânion radical superóxido (Fig. 2.15). A detecção baseou-se

Fig. 2.14 Capa da revista *Free Radical in Biology and Medicine*, uma das publicações especializadas da área de radicais livres em biologia e medicina. Essa revista foi lançada em 1987 pelos cientistas Kelvin Davies (inglês erradicado nos EUA) e William Pryor (norte-americano). Atualmente, é a revista oficial da Society for Free Radical Biology and Medicine e a maior influência da área

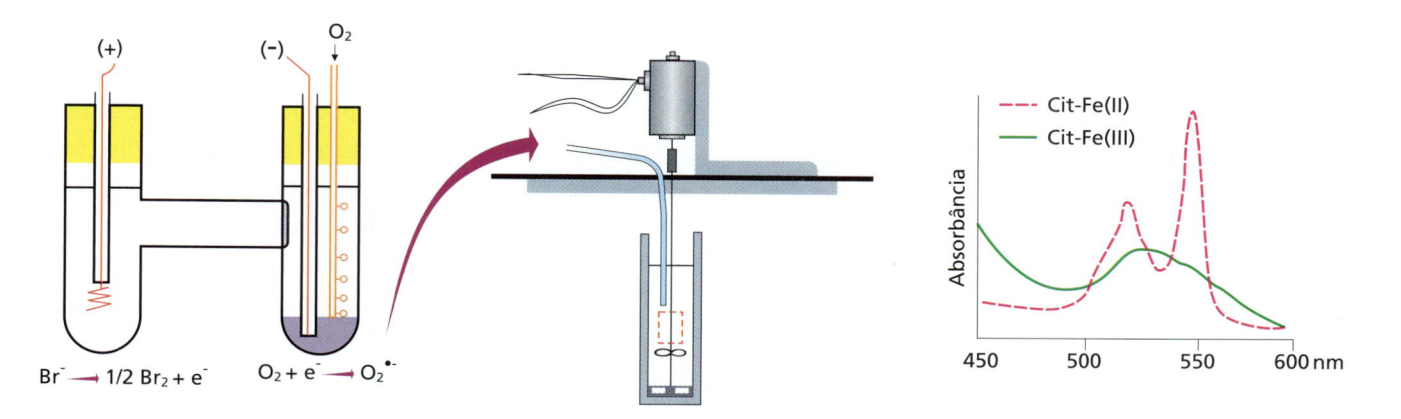

Fig. 2.15 McCord e Fridovich obtiveram o ânion radical superóxido por redução eletrolítica do oxigênio molecular em dimetilformamida por várias horas. Todos os reagentes estavam livres de água. Ao final, uma solução marrom-amarelada clara de tetrabutilamônio superóxido foi obtida no cátodo. Essa solução foi lentamente infundida numa pequena cuba contendo citocromo c-Fe (III), que é reduzido a citocromo c-Fe (II) pelo ânion radical superóxido. Portanto, a redução pode ser acompanhada pelas mudanças no espectro de absorção de luz visível – mais comumente a 550 nm, onde mais diferem os espectros das formas oxidadas e reduzidas

na reação entre o radical e uma proteína purificada, o citocromo c Fe(III), que era reduzido a citocromo c-Fe (II).

Em 1969 também já estava disponível um instrumento para detectar diretamente radicais livres: o espectrômetro de ressonância paramagnética eletrônica (EPR). Nesse mesmo ano, o instrumento foi utilizado para demonstrar que o ânion radical superóxido era produzido a partir da oxidação da xantina, um produto do metabolismo de ácidos nucléicos, catalisada pela enzima xantina oxidase (Fig. 2.16). Embora a reação tenha sido feita em tubo de ensaio com a enzima purificada, ela corroborava o trabalho de McCord e Fridovich, ao demonstrar que uma reação enzimática gerava o ânion radical superóxido.

Até aqui, mencionamos a maioria das metodologias utilizadas pelos cientistas, prática comum entre os meios de comunicação não especializados. Essa é uma maneira simples e prática de divulgar informações científicas ao público leigo, contudo, pode transmitir a impressão de que a evolução do conhecimento seja mais fácil do que realmente é. Pode parecer que, a partir dos estudos de radiobiologia, do trabalho de McCord e Fridovich e da metodologia de EPR, tudo

$$2 \text{ xantina} + 3 O_2 + 2 H_2O$$

Xantina oxidase

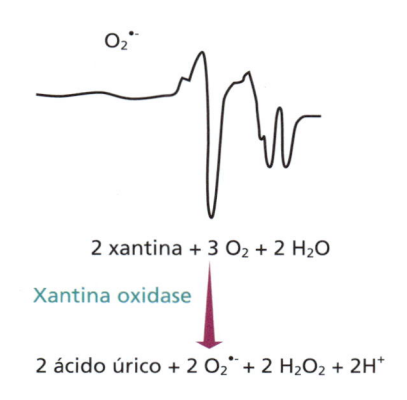

$$2 \text{ ácido úrico} + 2 O_2^{\bullet-} + 2 H_2O_2 + 2H^+$$

Fig. 2.16 Espectro de EPR a -170°C de uma incubação de xantina e xantina oxidase em solução aerada, que foi congelada 150 milissegundos após a adição da enzima (xantina oxidase). O sinal é atribuído ao ânion radical superóxido, que é produzido pela reação (abaixo). Os outros sinais não assinalados devem-se aos centros ferro-enxofre e molibdênio da xantina oxidase – que, por conter metais em sua estrutura, é uma metaloenzima. Fonte: *Biochemical Journal*, v. 111, n. 53, 1969 (adaptado)

ficou esclarecido: os radicais livres caracterizados em animais e humanos, suas reações com biomoléculas determinadas, suas funções fisiológicas estabelecidas... nada mais distante da verdade! Como já foi ressaltado, uma coisa é determinar produtos de reações de biomoléculas com radicais livres in vitro, e outra, totalmente diferente, é detectar e quantificar esses produtos, formados em baixas quantidades, em animais experimentais, humanos e em fluidos biológicos.

O EPR tem aplicabilidade limitada em animais experimentais, microorganismos e células, porque a maioria dos radicais livres de interesse biológico sobrevive por um tempo muito curto em organismos vivos e mesmo em água (Fig. 2.8). Sobrevivendo pouco, eles não atingem as concentrações necessárias para o EPR. O equipamento requer concentrações baixas: de 10^{-6} a 10^{-9} M, menores do que as estimadas para a enzima superóxido dismutase na parte líquida do citoplasma das células de mamíferos, que é de aproximadamente 10 micromolar (10 μM ou 10.10^{-6} M). Todavia, os radicais livres raramente atingem concentrações da ordem de μM em fases aquosas ou fluidos biológicos. Note que, para detectar o ânion radical superóxido por EPR na reação da xantina oxidase, a amostra foi congelada a -170°C, a fim de aumentar a sobrevivência do radical (Fig. 2.16).

Em síntese, estudos de reações de radicais livres com biomoléculas in vitro e estudos de EPR (veja no *Saiba Mais* deste capítulo) foram e continuam sendo extremamente úteis, mas não respondem a muitas questões. Na verdade, a viagem para elucidar as funções patofisiológicas dos radicais livres estava apenas começando.

◎ Fontes celulares de radicais livres

A abundante distribuição da enzima superóxido dismutase indicava uma produção constante de ânion radical superóxido, e sua principal fonte celular foi logo atribuída à respiração mitocondrial. Além da analogia histórica de Lavoisier entre combustão e respiração e das propostas de Warburg, Michaelis, Geschman e Harman de que radicais livres seriam produzidos durante o metabolismo, vários aspectos do hoje chamado metabolismo energético já estavam bem estabelecidos por volta de 1970. Sabia-se que as células são as menores entidades biológicas capazes de obter energia do ambiente, convertê-la numa forma biologicamente utilizável (ATP) e usá-la para manutenção de seus processos vitais, tudo por meio de reações catalisadas por enzimas. Sabia-se também que as mitocôndrias das células eucariontes são organelas nas quais 85 a 90% do oxigênio molecular consumido pelos organismos aeróbios é utilizado para gerar a maioria do ATP produzido durante o metabolismo de nutrientes.

Os elétrons provenientes dos nutrientes são coletados na forma de NADH e $FADH_2$. Essas duas moléculas são coenzimas que participam de uma série de reações redox. Elas promovem um leva-e-traz de elétrons, os quais são transportados através de uma série de complexos multiprotéicos até o complexo da citocromo c oxidase, que entrega os elétrons ao oxigênio. Durante o processo, prótons são bombeados para o espaço intermembranas da mitocôndria, gerando energia para a síntese de ATP (Fig. 2.17).

Pelo fato de apresentar elétrons desemparelhados no estado fundamental, o oxigênio molecular tende a receber um elétron por vez, como mostram o *Saiba Mais* do Cap. 1 e a Fig. 2.7. Apesar disso, os intermediários radicalares não escapam do complexo da enzima citocromo oxidase (Fig. 2.18).

Em outros sítios (complexo I e coenzima Q), todavia, elétrons escapam e reduzem o oxigênio molecular a ânion superóxido, como já foi demonstrado em órgãos e mitocôndrias (Fig. 2.17). Alguns pesquisadores latino-americanos contribuíram significativamente para essa demonstração, destacando-se os argentinos Alberto Boveris e Enrique Cadenas e o brasileiro Aníbal E. Vercesi (da Faculdade de Medicina da Unicamp).

A fração do oxigênio que é reduzida a ânion radical superóxido durante a respiração mitocondrial depende das condições experimentais e tem sido estimada em 0,1 a 1%. Isso pode parecer pouco, mas não é, porque consumimos uma grande quantidade

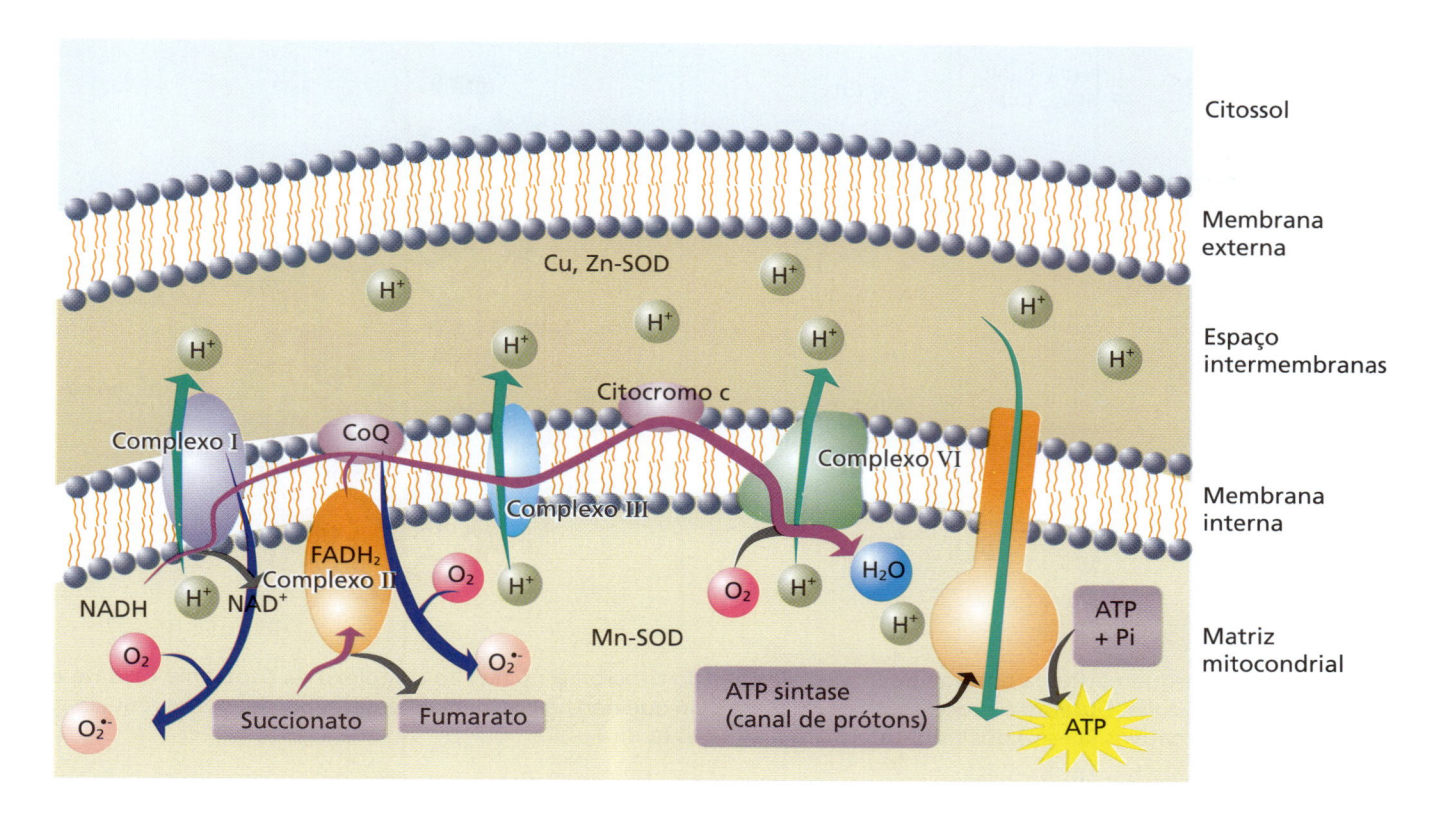

Fig. 2.17 Representação do consumo de oxigênio, síntese de ATP e produção de ânion radical superóxido pelas mitocôndrias. Os elétrons provenientes dos nutrientes, coletados na forma de NADH e $FADH_2$, são transportados por complexos multiprotéicos (transportadores de elétrons localizados na membrana interna da mitocôndria) até o complexo da citocromo oxidase. Esta entrega os elétrons ao oxigênio, produzindo água, num processo que bombeia prótons e gerando um gradiente eletroquímico – cuja dissipação produz ATP via o complexo da ATP sintase. Elétrons escapam e reduzem o oxigênio ao ânion radical superóxido principalmente nos sítios do complexo I e da coenzima Q

de oxigênio. De fato, um adulto de 70 kg em repouso consome aproximadamente 353 litros de oxigênio por dia, o equivalente a 14,7 mols de oxigênio por dia. Mesmo que só 1% desse oxigênio molecular seja reduzido ao ânion radical superóxido, forma-se 0,147 mols de superóxido por dia, ou 1,7 kg em um ano!

Estimativas desse tipo só reforçam a idéia de que a enzima superóxido dismutase é importante para proteger os organismos aeróbios do dano ocasionado por radicais livres, e a evolução do conhecimento só tem corroborado essa teoria. Bactérias estritamente anaeróbicas, por exemplo, não possuem a enzima SOD. Isso indica que, à medida que as concentrações de oxigênio aumentaram na crosta terrestre, surgiram os organismos aeróbios. Eles começaram a utilizar o oxigênio em benefício próprio, mas para isso, precisaram desenvolver defesas antioxidantes.

Uma grande vantagem do oxigênio molecular é o alto rendimento energético que se obtém dos nutrientes. A quantidade de energia que se obtém de 180 gramas de glicose no metabolismo aeróbico é 18 ATP, ao passo que a mesma quantidade de glicose num metabolismo anaeróbico gera apenas 2 ATP. Precisar de menos nutriente para manter as atividades vitais foi uma vantagem evolutiva que demandou adaptação à produção de radicais livres. Os organismos que permaneceram estritamente anaeróbios se retiraram para ambientes sem oxigênio.

A enzima SOD é amplamente distribuída em organismos aeróbios, e hoje sabemos que

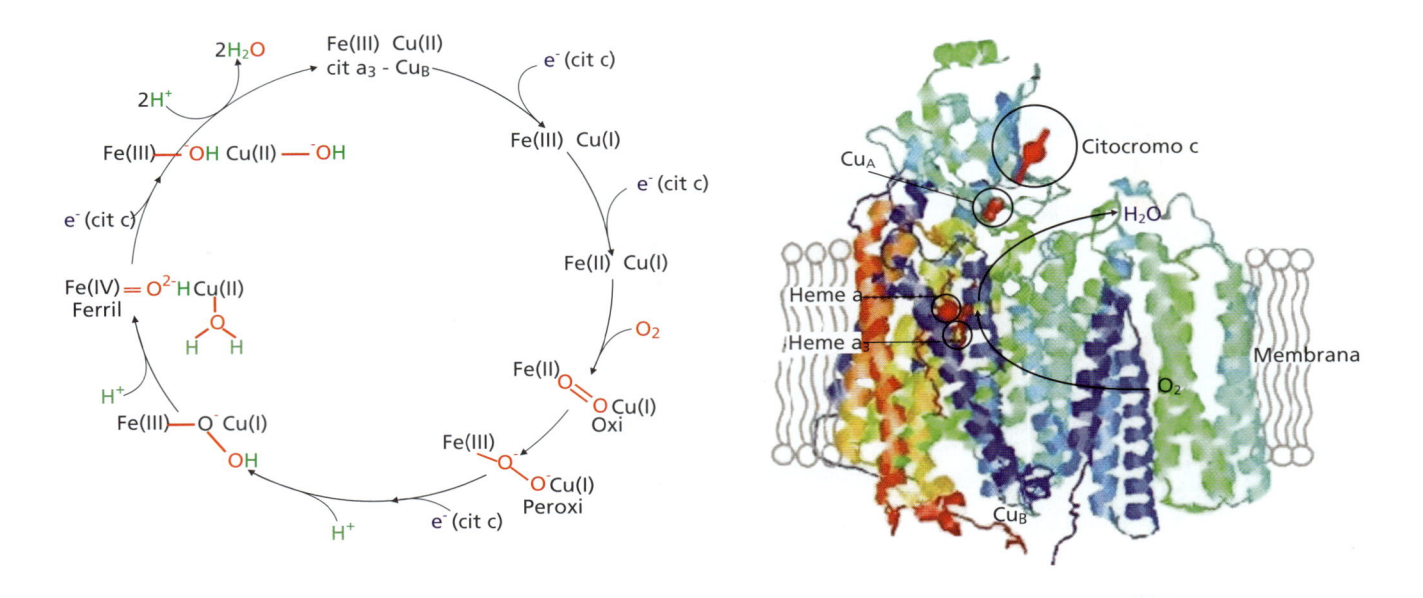

Fig. 2.18 Visão esquemática da entrega de quatro elétrons do citocromo c (cit c) ao complexo da citocromo oxidase e ao oxigênio molecular. Durante o processo, evidências indicam que não há escape das espécies parcialmente reduzidas (intermediários reativos, à esq.) dos sítios ativos das proteínas (à dir.)

os mamíferos possuem três SOD diferentes, todas capazes de eliminar eficientemente o ânion radical superóxido, mas localizadas em diferentes compartimentos celulares. A Cu,Zn-SOD (SOD1), caracterizada por McCord e Fridovich, é encontrada no citossol e no espaço intermembranas da mitocôndria; a Mn-SOD (SOD2), na matriz mitocondrial; e a Cu,Zn-SOD (SOD3), no espaço extracelular (Fig. 2.17).

A manipulação genética de animais para a expressão de SODs tem gerado revelações surpreendentes. Camundongos transgênicos desprovidos de Cu,Zn-SOD1 não mostram grandes alterações fenotípicas, ou seja, de aparência, mas são mais sensíveis a oxidantes. Já os camundongos privados de Mn-SOD nascem menos desenvolvidos que os animais normais, morrem cerca de 10 dias após o nascimento e apresentam anormalidades, principalmente no coração (Fig. 2.19) e, em menor extensão, no fígado e músculo esquelético. Essa é uma prova contundente da importância da respiração mitocondrial como fonte do ânion radical superóxido e da função protetora da enzima Mn-SOD.

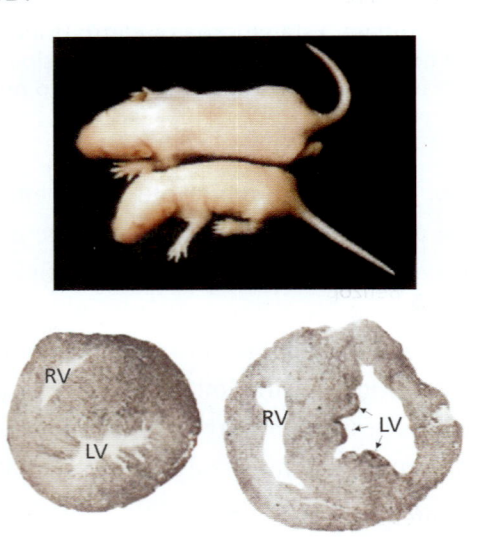

Fig. 2.19 Camundongos normais (acima) e transgênicos que não expressam a Mn-SOD aos 6 dias de idade. Esses transgênicos são menos desenvolvidos que os animais normais e morrem logo após o nascimento. A figura exemplifica anormalidades por meio de secções dos corações dos animais normais (à esq.) e transgênicos, estes últimos com cavidades ventriculares aumentadas e mais frágeis. Fonte: *Nature Genetics*, v. 11, n. 376, 1995 (adaptado)

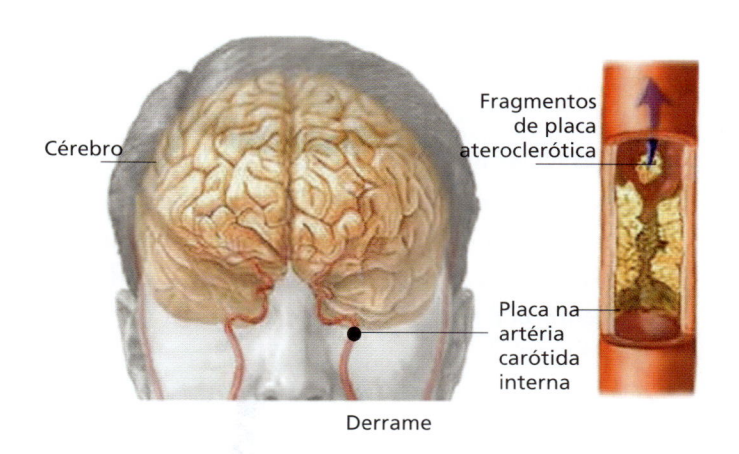

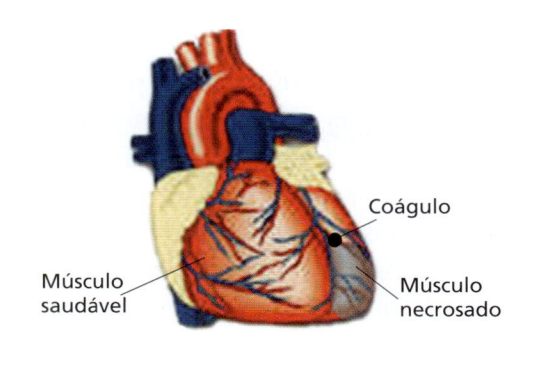

Fig. 2.20 A interrupção do fluxo sangüíneo – e, portanto, do aporte de oxigênio aos tecidos – provoca seqüelas por morte de células que ficam sem ATP via respiração mitocondrial para manter atividades vitais

Não custa ressaltar que os organismos não armazenam ATP, e sim nutrientes, principalmente na forma de gorduras. A síntese de ATP deve ser contínua, assim como a respiração mitocondrial, que é sua principal fonte, para a manutenção dos processos vitais. É por isso que interromper o fluxo sangüíneo ao cérebro (derrame) ou ao coração (infarto) leva a seqüelas por morte das células dos órgãos – e, dependendo da extensão, à morte do paciente (Fig. 2.20).

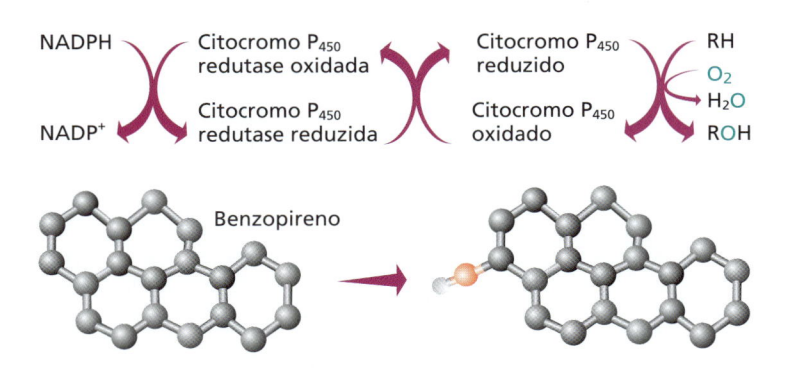

Fig. 2.21 Metabolismo de xenobióticos (compostos exógenos, como poluentes e medicamentos). O oxigênio molecular permitiu a evolução de um sistema de detoxificação, o qual age no sistema do citocromo P_{450}. O oxigênio é capaz de hidroxilar drogas, como o composto carcinogênico benzopireno, tornando-as mais solúveis em água e auxiliando nosso organismo a excretá-las. Os elétrons são transportados do NADPH ao oxigênio molecular, que em parte hidroxila o xenobiótico e em parte é reduzido a água. Como no transporte de elétrons mitocondrial, também aqui elétrons podem escapar reduzindo o oxigênio molecular ao ânion radical superóxido

Além da respiração mitocondrial, outras fontes celulares do ânion radical superóxido e outros radicais livres foram sendo descobertos. Os 10 a 15% do oxigênio não aproveitados na respiração mitocondrial de organismos aeróbios são utilizados por diferentes enzimas envolvidas: na síntese de metabólitos (como no caso da xantina oxidase, já vista anteriormente), na síntese de mediadores biológicos (como os neurotransmissores adrenalina e serotonina) e na eliminação de compostos exógenos (como medicamentos e poluentes), por meio do sistema do citocromo P_{450} (Fig. 2.21).

Durante a maioria dessas reações em condições fisiológicas, a fração de oxigênio que escapa como ânion radical superóxido, como ocorre na respiração mitocondrial, é bem pequena ($\leq 10\%$). Todavia, o metabolismo de xenobióticos também pode produzir radicais livres. Existem vários casos relatados na literatura, e um ótimo exemplo é o acetaldeído. Este composto é um metabólito do etanol, e também um poluente importante nas cidades brasileiras por causa dos carros movidos a álcool. O metabolismo do acetaldeído produz o radical metila e radicais de lipídios endógenos, como se demonstrou em roedores vivos por experimentos de EPR-captação do *spin* (veja no Saiba Mais deste capítulo). Esses radicais livres têm sido responsabilizados por algumas das patologias desenvolvidas por alcoólatras, como cirrose hepática e cânceres orais e gastrintestinais, e também podem ter ligação com complicações respiratórias associadas à poluição nas áreas urbanas brasileiras.

Existe ainda o interessante caso de células especializadas, entre outras coisas, em sintetizar radicais livres como neutrófilos e macrófagos. Essas células participam do combate a microorganismos invasores e são também chamadas de fagócitos profissionais. Elas possuem uma enzima que reduz 100% do oxigênio que utiliza para oxidar o NADPH (nicotinamida adenina dinucleotídeo fosfato) ao ânion radical superóxido. A enzima chama-se NADPH oxidase, ou Phox, do inglês phagocyte oxidase (Fig. 2.21). De acordo com a hipótese de que o ânion radical superóxido seria tóxico às células, a NADPH oxidase não atua continuamente. Na verdade, ela é um complexo multiprotéico cujas cadeias protéicas inativas ficam dispersas no citossol. Perante um sinal disparado pelo organismo invasor, por exemplo, as cadeias agrupam-se na membrana plasmática e organizam o complexo enzimático ativo, que aumenta muito o consumo de oxigênio pelas células. Após essa explosão respiratória, passam a ser definidas como "ativadas". Formam-se quantidades maciças de ânion radical superóxido, e a espécie participa indiretamente da morte do organismo invasor (Fig. 2.22).

Como nem todos os detalhes moleculares do processo de ativação de macrófagos e neutrófilos e de seus mecanismos microbicidas são conhecidos, muitos pesquisadores atualmente dedicam-se a estudá-los, inclusive vários brasileiros, como Ana Campa (Faculdade de Ciências Farmacêuticas da USP), Pio Colepicolo (Instituto de Química da USP), Virgínia Junqueira (Departamento de Gerontologia da Unifesp) e Selma Giorgio (Instituto de Biologia da Unicamp).

As espécies reativas de oxigênio

Entre 1970 e 1990, importantes conceitos foram elaborados. Um dos mais correntes, embora impreciso, é o de espécies reativas de oxigênio (ROS, do inglês *reactive oxygen species*). Este termo foi criado porque

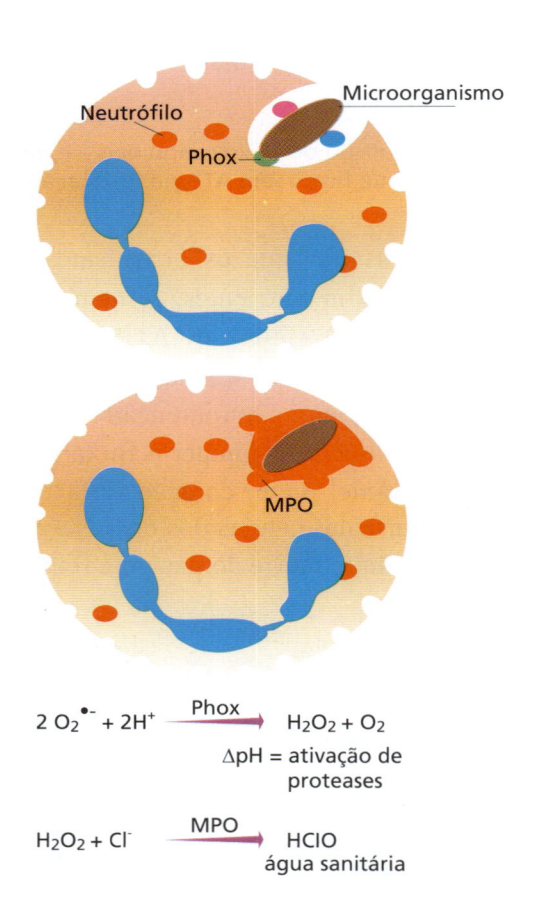

$$2\ O_2^{\bullet-} + 2H^+ \xrightarrow{Phox} H_2O_2 + O_2$$

ΔpH = ativação de proteases

$$H_2O_2 + Cl^- \xrightarrow{MPO} HClO$$
água sanitária

Fig. 2.22 Combate a um microorganismo invasor por neutrófilos. O microorganismo é engolfado, num processo que leva à montagem da enzima Phox (que utiliza NADPH para reduzir o oxigênio molecular ao ânion radical superóxido). Paralelamente ocorre fusão de grânulos do citossol – que contém grandes quantidades de outra enzima, a mieloperoxidase (MPO) – com o compartimento que engolfa o microorganismo. A MPO é capaz de produzir hipoclorito (água sanitária, agente microbicida potente), além de outros oxidantes, a partir do peróxido de hidrogênio produzido pela dismutação do ânion radical superóxido. Hoje, estuda-se qual o processo mais relevante para eliminar microorganismos

os primeiros radicais livres e oxidantes caracterizados *in vivo* ou em sistemas enzimáticos dependiam do oxigênio molecular: a respiração mitocondrial (Fig. 2.17), a oxidação de lipídios (Fig. 2.4), o metabolismo de poluentes e medicamentos (Fig. 2.21) e a explosão respiratória dos fagócitos profissionais (Fig. 2.22).

Algumas das espécies então conhecidas eram radicalares, como o ânion radical superóxido, o radical hidroxila e os radicais alquila e peroxila, derivados de lipídios ou de poluentes e medicamentos. Outras não eram radicalares, como o peróxido de hidrogênio, o ácido hipocloroso, o oxigênio singlete (estado excitado do oxigênio molecular) e peróxidos orgânicos, derivados de lipídios ou de poluentes e medicamentos (Quadro 2.1). Por isso, usamos o termo "espécies reativas", ao invés de radicais livres. Todavia, nem todas as chamadas espécies reativas reagem rapidamente com a maioria das biomoléculas, como o nome sugere, e esse aspecto precisa ser considerado para a compreensão dos papéis fisiológicos dos radicais livres.

Há várias evidências de que o ânion radical superóxido é citotóxico, ou seja, tóxico às células: a morte prematura de camundongos desprovidos de Mn-SOD (Fig. 2.19) e o fato de que pessoas portadoras de granulomatose, uma doença genética crônica, possuem fagócitos deficientes na enzima Phox e são muito suscetíveis a infecções por bactérias e fungos (Fig. 2.22). Essa suscetibilidade sugere que os fagócitos não eliminam eficientemente os microorganismos, embora isso não indique que eles sejam eliminados diretamente pelo ânion radical superóxido.

Explicar os mecanismos pelos quais o ânion radical superóxido é citotóxico não tem sido tão simples. Estudos in vitro mostram que ele reage – quando o faz – muito lentamente com a maioria das biomoléculas, em flagrante contraste com o radical hidroxila, cuja reatividade foi vista anteriormente (Fig. 2.8). Na verdade, o ânion radical superóxido é um radical livre mais redutor do que oxidante, ou seja, capaz de oxidar biomoléculas. Lembre-se de que pode ser monitorado por meio da redução do citocromo c Fe (III) a citocromo c Fe(II). (Fig. 2.15)

Para conciliar as propriedades monitoradas in vitro com as evidências obtidas em células e organismos, formulou-se a hipótese de que o ânion radical superóxido produz espécies mais reativas em condições fisiológicas. Inicialmente enfatizou-se o radical hidroxila porque antigos estudos químicos de Fenton (1876) e Haber e Weiss (1935) forneceram um mecanismo atraente (Fig. 2.23): o ânion radical superóxido seria nocivo porque é capaz de reduzir íons metálicos. Na forma reduzida, esses íons reagem com peróxido de hidrogênio (Fig. 1.20), que é produto da dismutação do ânion radical superóxido.

Pelo menos em tubos de ensaio o processo funciona, porque sistemas enzimáticos que geram o ânion radical superóxido – como xantina e xantina oxidase (Fig. 2.16) – produzem o radical hidroxila quando em presença de complexos de íons metálicos. Esse fenômeno foi demonstrado por EPR-captação do *spin* em vários estudos.

A importância do chamado "mecanismo de Fenton" para danificar o DNA *in vivo* foi relatada pela primeira vez, em 1984, por um

QUADRO 2.1 AS ESPÉCIES REATIVAS DE OXIGÊNIO (ROS)	
Espécie	Nome
$O_2^{\bullet -}$	ânion radical superóxido
H_2O_2	peróxido de hidrogênio
$HO^\bullet$	radical hidroxila
$LOO^\bullet$	radical peroxila derivado de lipídio
$LO^\bullet$	radical alcoxila derivado de lipídio
$R^\bullet$	radical alquila (poluentes/drogas)
$ROO^\bullet$	radical peroxila (poluentes/drogas)
$RO^\bullet$	radical alcoxila (poluentes/drogas)
$Ar^{\bullet +}$	cátion radical (poluentes/drogas aromáticas)
$Ar^{\bullet -}$	ânion radical (poluentes/drogas aromáticas)
$^1O_2$	oxigênio singlete ($^1\Delta gO_2$)
HClO	ácido hipocloroso

$$O_2^{\bullet-} + O_2^{\bullet-} + 2H^+ \longrightarrow H_2O_2 + O_2$$

$$Fe^{+3} + O_2^{\bullet-} \longrightarrow Fe^{+2} + O_2$$

$$Fe^{+2} + H_2O_2 \longrightarrow Fe^{+3} + HO^{\bullet} + OH^-$$

Fig. 2.23 Reações pelas quais o pouco reativo ânion radical superóxido poderia produzir o extremamente reativo radical hidroxila em condições fisiológicas

grupo brasileiro, de Rogério Meneghini, então trabalhando no Instituto de Química da USP. Os pesquisadores demonstraram que alguns quelantes de íons metálicos, substâncias que reagem com determinados metais, inibiam a quebra de DNA induzida pela adição de peróxido de hidrogênio a células em cultura.

Como o peróxido de hidrogênio não reage diretamente com DNA, eles sugeriram que o oxidante chega ao núcleo (o peróxido de hidrogênio permeia membranas celulares) e gera radical hidroxila in situ, em razão dos metais de transição ligados ao DNA, levando a uma lesão da biomolécula (Fig. 2.24). De fato, a participação de íons de metais de transição em lesões a biomoléculas tem sido confirmada por diferentes estudos de vários autores.

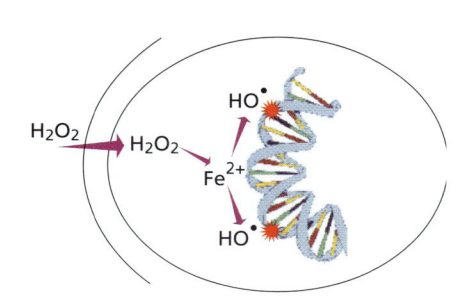

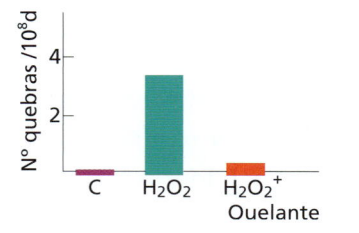

> Sítios funcionais são os "nichos" da proteína nos quais ocorrem processos como o reconhecimento de um substrato (enzima), hormônio (receptor) ou antígeno (anticorpo)

ÍONS DE METAIS DE TRANSIÇÃO E RADICAIS LIVRES

Íons de metais de transição possuem elétrons desemparelhados (Box 2.1) e são abundantes em organismos, constituindo os sítios funcionais de várias proteínas e enzimas.

Nesses casos, as estruturas protéicas foram aperfeiçoadas durante a evolução, de forma a minimizar o escape de intermediários reativos, como já mencionamos no caso do complexo da citocromo oxidase (Fig. 2.17). Outro exemplo do aprimoramento da estrutura para a função é a hemoglobina de nossos glóbulos vermelhos, que transporta oxigênio dos pulmões aos nossos tecidos. Ela é funcional na forma de heme-Fe(II), um complexo que, fora da proteína e exposto ao ar, é instantaneamente oxidado a heme-Fe(III).

Como parte da proteína, todavia, o complexo liga oxigênio nos pulmões – heme-Fe(II)-O_2 – e libera nos tecidos – heme-Fe(II) – sem praticamente sofrer oxidação (Fig. 2.25). Menos de 1% da heme-Fe(II) é oxidada a heme-Fe(III) em nossas células vermelhas por dia. Essa forma, também chamada de methemoglobina, não é funcional: não transporta oxigênio. Há até uma enzima, a methemoglobina redutase, que repara a hemoglobina eventualmente oxidada.

O mesmo grupo heme da hemoglobina também está presente em proteínas com funções muito diversas que requerem mudança no estado de oxidação do grupo heme durante a atividade catalítica. Como exemplo pode-se citar o citocromo P_{450} (que oxida poluentes e medicamentos, Fig. 2.21), a mieloperoxidase (que oxida cloreto ao agente microbicida ácido hipocloroso, Fig. 2.22) e o complexo da citocromo oxidase (que transporta elétrons ao oxigênio, Figs. 2.17, 2.18). Todos são exem-

Fig. 2.24 Mecanismo proposto pelo grupo de Rogério Meneghini para explicar a quebra de DNA de células em cultura tratadas com peróxido de hidrogênio. Fonte: *Biochimica et Biophysica Acta*, v. 781, n. 56, 1984 (adaptado)

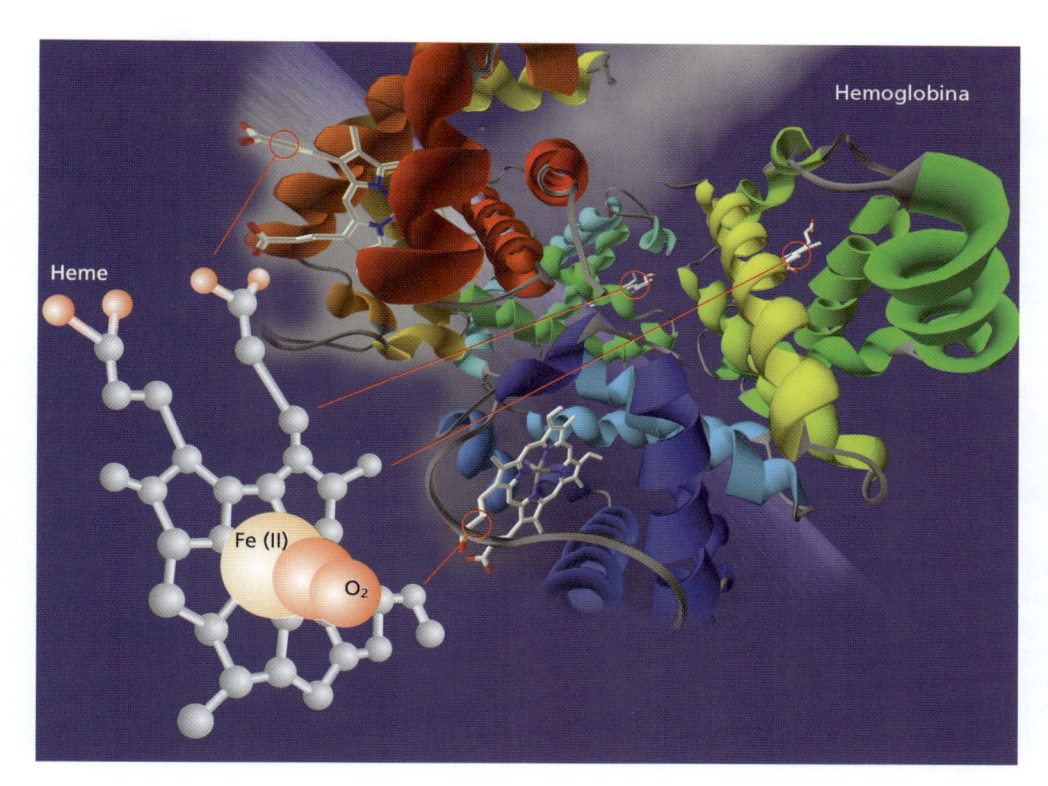

Fig. 2.25 O grupo heme é constituinte de várias proteínas. Quando na hemoglobina (uma proteína tetramérica, com quatro subunidades 2α e 2β, cada qual contendo um grupo heme), o grupo heme transporta o oxigênio molecular dos pulmões aos tecidos sem mudar o estado de oxidação

plos claros de como a estrutura tridimensional das proteínas modula finamente a reatividade de um mesmo grupo químico – no caso, o grupo heme.

De forma similar, os organismos desenvolveram mecanismos complexos e proteínas específicas para transportar, armazenar e entregar diferentes íons de metais de transição às proteínas "corretas" (Fig. 2.26), minimizando suas disponibilidades como catalisadores de reações de óxido-redução deletérias. Mas sempre existem íons em "trânsito", e uma disponibilidade de metais de transição não ligados em proteínas ocorre, embora as formas disponíveis não sejam ainda conhecidas em detalhes. Sabe-se, entretanto, que a disponibilidade de diferentes íons de metais de transição em células ou organismos aumenta em condições de contaminação por metais, quando há aumento na produção de radicais livres e em diversas patologias.

Um aumento da produção do ânion radical superóxido durante uma infecção, por exemplo, pode aumentar a disponibilidade celular de íons ferro por algumas vias. Por causa das suas propriedades redutoras, o ânion radical superóxido pode liberar íons de ferro (III) da ferritina, que armazena o íon intracelularmente em quantidades enormes (até 4500 íons) (Fig. 2.26), mas o libera quando reduzido a íons de ferro (II). O ânion radical superóxido também pode liberar íons de ferro de centros ferro-enxofre que participam do sítio funcional de várias enzimas e proteínas, inclusive daquelas que regulam a expressão da ferritina e do receptor de transferrina (Fig. 2.26). Esse é só um exemplo do sofisticado sistema de regulação da disponibilidade de íons de metais de transição em células, e de como essa disponibilidade pode aumentar com um aumento na produção de radicais livres.

O recíproco também já foi demonstrado, ou seja, um aumento na disponibilidade de íons de metais de transição aumenta a produção de radicais livres. Podemos citar como exemplo estudos do nosso laboratório, demonstrando que o tratamento de ratos com um mimético de infecção generalizada (lipopolissacarídeo que é um dos constituintes da parede de bactérias, conforme mostra a Fig. 3.15) leva ao

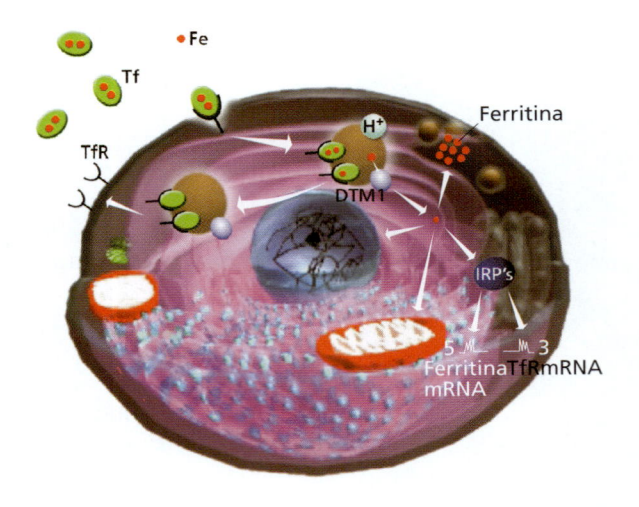

Fig. 2.26 Como íons de ferro são adquiridos para processos celulares. A proteína transportadora transferrina (Tf), carregada com dois íons de ferro (III), entra nas células via um receptor (TFR1) e endocitose. Os íons de ferro(III) são liberados da Tf por decréscimo do pH e transportados para fora por outro receptor (DMT1). No citossol, os íons de ferro (III) ficam disponíveis numa forma pouco conhecida, denominada pool lábil, e são redirecionados. Dependendo dos requisitos celulares, eles vão para diferentes organelas ou para armazenamento em outra proteína (ferritina). O próprio pool lábil controla a expressão de TFR1 e ferritina, que são cruciais para a tomada e armazenamento dos íons de ferro por meio de outros proteínas com centros de ferro-enxofre (IRPs = proteínas reguladoras de ferro). Fonte: *Blood*, v. 105, n. 1867, 2005 (adaptado)

aumento da disponibilidade de íons de Fe(III) e da produção de radicais livres (Fig. 2.27).

Para a vitalidade dos organismos, a importância da manutenção de íons metálicos ligados em proteínas ou complexos foi demonstrada inequivocamente em camundongos. Uma linhagem que expressa pouquíssima transferrina (Fig. 2.25) acumula íons de ferro em vários tecidos. Resultado: os animais morrem nos dez primeiros dias do nascimento, sugerindo que a transferrina é tão essencial à vida quanto a Mn-SOD (Fig. 2.19).

No caso de seres humanos, existem muitas doenças genéticas que prejudicam o metabolismo de íons de ferro (hematocromatose, porfirias, talassemias) ou de cobre (doença de Wilson). Essas doenças aumentam a disponibilidade de metais de transição (ferro ou cobre), o que traz graves conseqüências aos pacientes.

Em alguns casos os pacientes são tratados com quelantes, que se ligam fortemente aos íons de metais de transição disponíveis e facilitam suas eliminações pelo organismo. Os quelantes usados são aqueles que impedem os íons metálicos de participarem de reações de óxido-redução, como o desferal, empregado nos experimentos da Fig. 2.27. Ele é um produto de origem microbiana ampla efetivamente empregado na

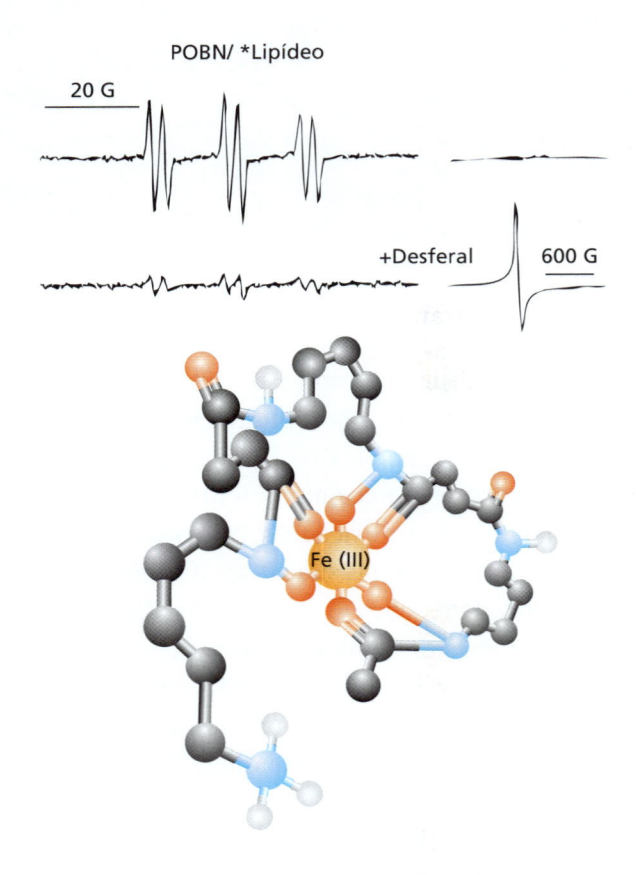

Fig. 2.27 Espectros de EPR da bile de ratos vivos tratados com lipopolissacarídeo e o captador de *spin* POBN (acima) mostram a produção de radicais de lipídios, que é diminuída se os ratos são tratados também com desferal (um quelante de íons de Fe(III)). A prova de que o desferal está quelando íons de Fe(III) disponibilizados nos animais tratados é fornecida pelo espectro de EPR característico do complexo desferal-Fe(III), obtido quando a amostras de bile está congelada (abaixo). Fonte: *Free Radical Biology and Medicine*, v. 34, n. 766, 2003 (adaptado)

radicais livres como maus à vida

> A hemocromatose hereditária é uma predisposição para a absorção excessiva de ferro da alimentação. Este ferro acumula-se principalmente no fígado, pâncreas e coração, podendo levar à morte por cirrose, tumor no fígado, insuficiência cardíaca ou diabetes. As porfirias são distúrbios na síntese do heme. As alterações metabólicas, de transmissão hereditária, podem produzir um aumento excessivo na pigmentação dos fluidos corporais e da pele.
>
> A talassemia é o nome dado a um grupo de enfermidades genéticas do sangue que afeta a capacidade de produção de hemoglobina. Também chamada de anemia do mediterrâneo, devido à alta incidência da doença na região, a talassemia é causada pelo mau funcionamento da medula óssea, tecido que produz as células do sangue. A medula do portador produz glóbulos vermelhos menores e com menos hemoglobina.
>
> Doença de Wilson é uma disfunção genética que provoca acúmulo de cobre no organismo. Nas pessoas saudáveis, o excesso de cobre ingerido na alimentação é eliminado naturalmente. Nos portadores da doença de Wilson, o cobre começa a se acumular logo após o nascimento, podendo provocar problemas hepáticos e neurológicos que levam à morte se a doença não for tratada.
>
> O Drácula, personagem que tornou famoso o ator Bela Lugosi nos anos 1930: pele sensível ao sol, urina avermelhada e lábios contraídos que deixam os dentes caninos à mostra são possíveis sintomas da porfiria – doença que, provavelmente, fez nascer o mito

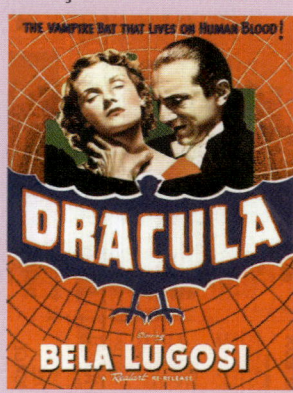

redução de íons de ferro em pacientes de talassemias ou naqueles submetidos a muitas transfusões de sangue. No entanto, é preciso altas doses do composto, que é administrado via subcutânea ou intravenosa.

Assim, existe um grande interesse no desenvolvimento de outros quelantes que possam ser mais efetivos terapeuticamente, e essa é uma importante área de pesquisa atual. Vários grupos brasileiros estudam as rotas bioquímicas de utilização e disponibilização de íons de metais de transição, destacando-se os grupos de Etelvino Bechara e Ana Maria da Costa Ferreira (Instituto de Química da USP) e Marcelo Hermes Lima (Instituto de Biologia da UnB).

A forte associação entre a biologia do oxigênio, dos radicais livres e dos íons de metais de transição indica que, em sentido amplo, quelantes que tornem íons de metais de transição inativos em reações redox também podem ser classificados como antioxidantes.

◉ Antioxidantes de baixa massa molecular

Os experimentos de Gerschman mostraram que compostos radioprotetores também protegiam contra a letalidade de altas pressões de oxigênio (Fig. 2.9) e eram, portanto, antioxidantes. O termo antioxidante é genérico: refere-se tanto a compostos usados em preservação de alimentos como a compostos utilizados para terminar reações de polimerização e, com isso, controlar o tamanho do polímero (Fig. 1.23). A propriedade comum aos chamados antioxidantes é a capacidade de interromper reações de óxido-redução, embora as maneiras como o fazem variem bastante.

Os organismos vivos em geral possuem antioxidantes de baixa massa molecular que são sintetizados por si próprios. De acordo com a teoria da evolução, alguns desses antioxidantes são sintetizados tanto em bactérias como em homens. Mas a capacidade de sintetizar compostos de baixa massa molecular difere muito entre as espécies, indicando que à medida que certos compostos foram sendo obtidos da dieta, suas rotas de biossíntese foram eliminadas por causa do custo energético envolvido em mantê-las. Deste modo, uma bactéria sintetiza todos os vinte aminoácidos que constituem as proteínas, ao passo que os homens só sintetizam onze e precisam obter da dieta os outros nove. Na verdade dez, porque a rota de síntese de arginina não tem como função a síntese do aminoácido, mas sim a excreção do excesso de nitrogênio de nossa dieta. Também não sintetizamos co-fatores de enzimas (substâncias que atuam junto a enzimas), e é por isso que as vitaminas são compostos essenciais ao metabolismo que precisam ser ingeridos. Vitaminas também variam com as espécies, e aqui vamos considerar apenas as essenciais aos humanos.

Dentre os antioxidantes de baixa massa molecular que continuam sendo sintetizados por nossos organismos, destacam-se o tripeptídeo glutation (GSH, Fig. 2.28) e o ácido úrico. Este atua em fluidos extracelulares, e o GSH é considerado o principal antioxidante intracelular, porque está presente em todas as formas de vida e atinge concentrações da ordem de 5 a 10 mM na maioria das células de mamíferos.

Além disso, está mais do que demonstrado que o GSH é rapidamente oxidado em condições nas quais ocorra um aumento na produção celular de radicais livres – durante o metabolismo de drogas e desenvolvimento de infecções, por exemplo. Mais ainda, existe uma enzima, a glutationa redutase, que regenera o GSH oxidado a GSSG (Fig. 2.29). De fato, a capacidade antioxidante do GSH é devida ao grupo sulfidrila do aminoácido cisteína, que se oxida facilmente e, portanto, atua como um redutor celular. O produto de oxidação é o dissulfeto, GSSG. Ligações tipo dissulfeto, já comentadas, são essenciais para a manutenção da estrutura tridimensional de várias proteínas. A oxidação de resíduos de cisteína em proteínas é um assunto atualíssimo, porque o processo está envolvido em sinalização celular, que discutiremos adiante.

> Em nosso organismo, as purinas presentes nos ácidos nucléicos ingeridos sofrem um processo de degradação em hipoxantina e xantina. Esta, pela ação da enzima xantina oxidase, transforma-se em ácido úrico, e este, em urato de sódio. A produção excessiva de ácido úrico ou uma dificuldade de eliminação da substância pelos rins pode levar a um depósito de cristais de monourato de sódio nas articulações, provocando uma doença chamada gota, que se caracteriza por surtos de artrite aguda. Um dos primeiros sintomas da doença costuma ser o inchaço do dedão do pé

> Sinalização celular são os mecanismos pelos quais as células se comunicam com o ambiente e com outras células

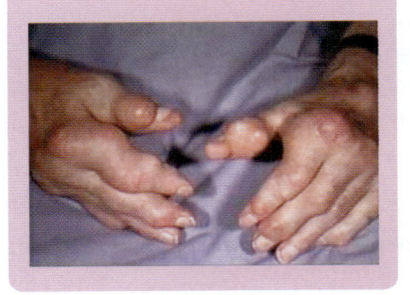

Dentre as vitaminas, as que têm comprovado efeito antioxidante, pelo menos in vitro, estão a vitamina C ou ácido ascórbico, o β-caroteno (Fig. 2.30) e a vitamina E (Fig. 2.31). A importância desses compostos para os organismos humanos foi inicialmente associada a funções outras que não a atividade antioxidante. Assim, o β-caroteno é um precursor da vitamina A, nutriente que desempenha papel importante na

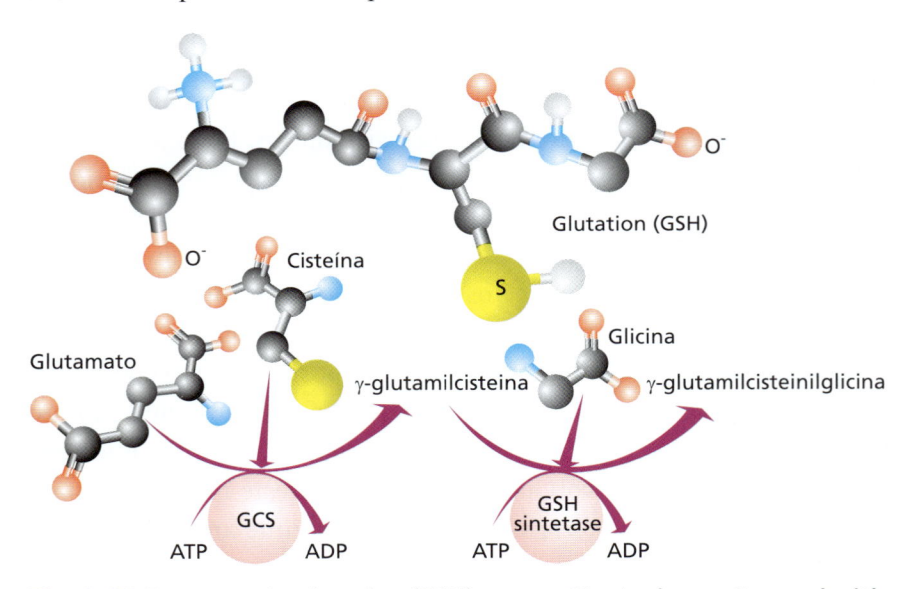

Fig. 2.28 Estrutura do glutation (GSH) e a seqüência de reações enzimáticas responsáveis por sua biossíntese a partir dos aminoácidos glutamato, cisteína e glicina. As reações são catalisadas pelas enzimas glutamilcisteína sintetase (GCS) e GSH sintetase, num processo que requer energia na forma de ATP

Glutationa peroxidases

$H_2O_2 + 2\ GSH \longrightarrow GSSG + 2\ H_2O$

$LOOH + 2\ GSH \longrightarrow GSSG + LOH + H_2O$

Glutationa redutases

$GSSG + NADPH + H^+ \longrightarrow 2\ GSH + NADP^+$

Enzimas da via das pentoses regeneram NADPH

Glicose-6-fosfato desidrogenase

Glicose-6-fosfato $+ NADP^+ \longrightarrow$ 6-fosfogluconato $+ NADPH$

6-fosfogluconato desidrogenase

6-fosfogluconato $+ NADP^+ \longrightarrow$ Ribulose-6-fosfato $+ NADPH + CO_2$

Fig. 2.29 Papel antioxidante do GSH na remoção de peróxido de hidrogênio e peróxidos orgânicos em reações catalisadas por glutationa peroxidases. O glutation oxidado (GSSG) é, por sua vez, regenerado pelo uso do redutor NADPH numa reação catalisada por glutationa redutases. O NADPH pode ser gerado por várias rotas metabólicas, sendo particularmente relevante à via das pentoses, em que a glicose é desviada da produção de energia para a produção de NADPH

visão. A vitamina C é co-fator de enzimas envolvidas na síntese de colágeno e do neurotransmissor noradrenalina. Até hoje não se conhece nenhuma reação enzimática da qual a chamada vitamina E seja um co-fator. Ela foi inicialmente definida como uma substância solúvel em gorduras, essencial para a reprodução de ratos. Na verdade, é uma complexa mistura de compostos de estrutura similar (Fig. 2.31), cujo composto mais eficiente em testes biológicos é o RRR-α-tocoferol. Muitos confundem vitamina E, uma mistura, com o RRR-α-tocoferol, o que pode gerar afirmações equivocadas, como a de que "vitaminas sintéticas são menos eficientes do que vitaminas naturais".

Seja qual for sua fonte, um mesmo composto químico, nas mesmas quantidades do composto natural, terá o mesmo efeito biológico. É o que ocorre com a vitamina C e com o β-caroteno. Já a vitamina E refere-se a uma mistura de compostos e, portanto, terá uma proporção de componentes que variará com as fontes, sejam naturais (Fig. 2.31), sejam sintéticas. Geralmente, a vitamina sintética contém 12% do componente mais ativo – o RRR-α-tocoferol – em testes antioxidantes, além de sete isômeros menos ativos. Quando a fonte é natural, é impossível prever a composição. A composição da vitamina E encontrada em uma planta varia muito conforme diversos fatores, como o tipo de solo em que foi cultivada ou o período em que foi colhida.

A variabilidade das estruturas dos tocoferóis naturais é um bom exemplo da versatilidade das plantas em sintetizar compostos orgânicos e seus vários isômeros. As plantas não correm, não podem fugir de predadores. Para se defenderem, contam com um arsenal químico.

O número de compostos orgânicos presentes em extratos de plantas é imenso. Só de compostos voláteis, uma xícara de café tem uns setecentos; um copo de suco de laranja contém milhares de compostos químicos diferentes. Muitos deles são bons para a saúde, segundo sugerem os vários estudos epidemiológicos que estabelecem correlações entre o tipo

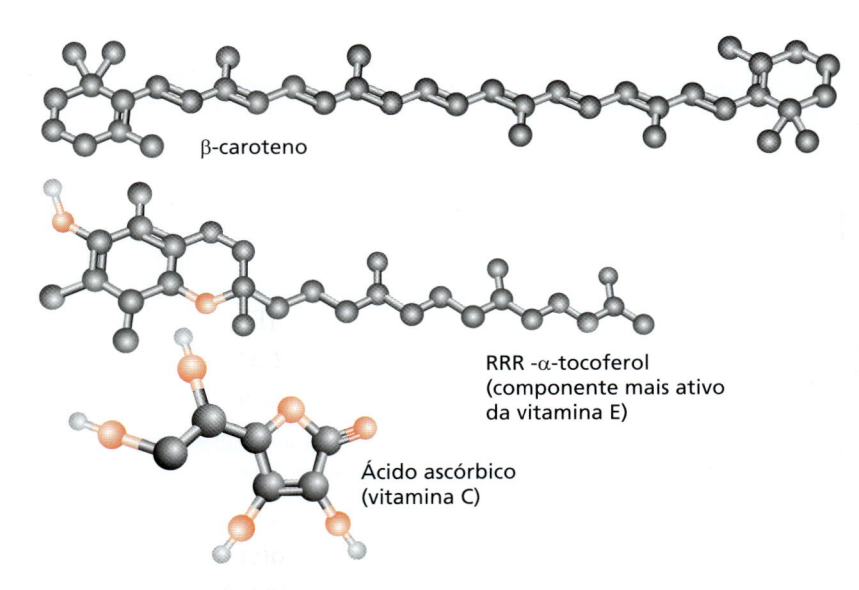

Fig. 2.30 Vitaminas antioxidantes clássicas, ou seja, as mais estudadas *in vitro* e *in vivo*

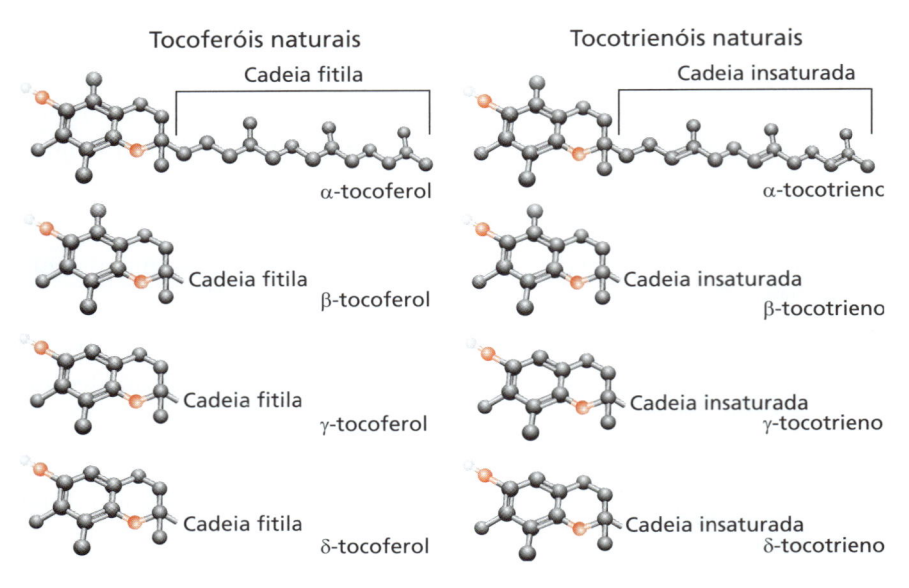

Fig. 2.31 A vitamina E foi inicialmente definida em termos nutricionais e não químicos, referindo-se a uma mistura de tocoferóis e tocotrienóis naturais como os da figura

gorduras monoinsaturadas (menos oxidáveis que as poliinsaturadas) e vinho (principalmente vinho tinto), por exemplo, está ligado a reduções significativas da mortalidade cardiovascular e da mortalidade global de idosos. Contudo, não sabemos se os antioxidantes – e quais deles – colaboram decisivamente com esses inegáveis benefícios.

Ainda ressaltando a variabilidade dos compostos de origem vegetal encontrados na dieta, mais de seiscentos carotenóides foram descritos em plantas, sendo vinte deles encontrados em tecidos humanos (Fig. 1.14). O único cuja função está bem estabelecida como precursor da vitamina A é o β-caroteno. Recentemente, o licopeno, um carotenóide abundante em tomates, recebeu enorme atenção dos meios de comu-

de dieta e a incidência de doenças (Fig. 2.32). O padrão da chamada dieta mediterrânea, que enfatiza o consumo de frutas, vegetais, sementes (ricas em vitaminas antioxidantes),

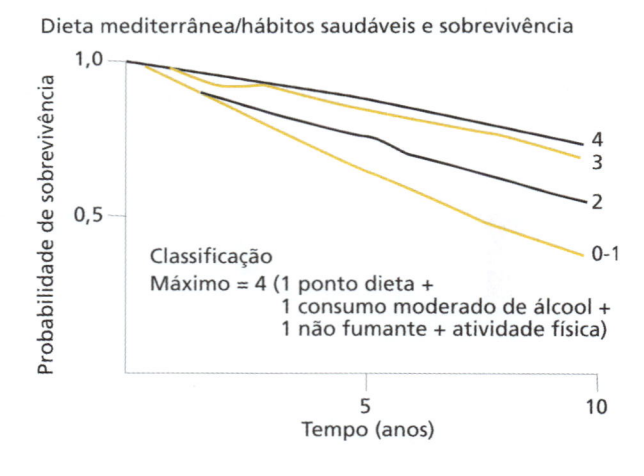

Fig. 2.32 Dados de um estudo recente que acompanhou por doze anos, de 1988 a 2000, a mortalidade de idosos aparentemente saudáveis. De 70 a 90 anos, 1.507 homens e 832 mulheres foram classificados segundo seus hábitos alimentares e estilo de vida. O índice 4 é o máximo, combinando fatores de 1 ponto cada um: dieta mediterrânea, consumo moderado de álcool (média de 22 g/dia e 6 g/dia para homens e mulheres, respectivamente), hábito de não fumar ou abandono do hábito há mais de 15 anos e atividade física moderada (30 minutos/dia). Todos foram assim classificados e acompanhados, como mostra o gráfico. O estudo mostrou que a combinação entre dieta mediterrânea e estilo de vida saudável diminuiu a mortalidade em 50%. Fonte: *Journal of American Medical Association*, v. 292, n. 1433, 2004 (adaptado)

nicação de massa: festejado como um poderoso antioxidante, ele seria capaz de prevenir o câncer de próstata. Também têm recebido muita atenção o resveratrol e derivados presentes em altas concentrações em uvas rosadas (Fig. 2.33). A essas substâncias atribuem-se os efeitos benéficos do consumo moderado de vinho tinto. De fato, muitos carotenóides e flavonóides têm demonstrado ação antioxidante em testes in vitro, em animais experimentais e até em seres humanos, de acordo com pesquisas de vários grupos, inclusive aquele liderado pelo médico Protásio da Luz, do Instituto do Coração, da Faculdade de Medicina da USP. Saberemos mais sobre eles num futuro próximo.

No presente, os mecanismos antioxidantes mais conhecidos são os do ácido ascórbico, que é hidrossolúvel, e do RRR-α-tocoferol, lipossolúvel. Ambos reduzem a maioria dos radicais livres, transformando-se em radicais pouco reativos (ascorbila e tocoferila). Como esses radicais não reagem com a maioria das biomoléculas, eles terminam reações radicalares em cadeia (Fig. 2.34). Lembre-se: a terminação é a fase final das reações radicalares, momento em que dois radicais reagem entre si (Fig. 1.23). Já que se localizam e agem em diferentes compartimentos celulares, o ascorbato e α-tocoferol são muito eficientes em bloquear o processo de peroxidação lipídica quando agem conjuntamente.

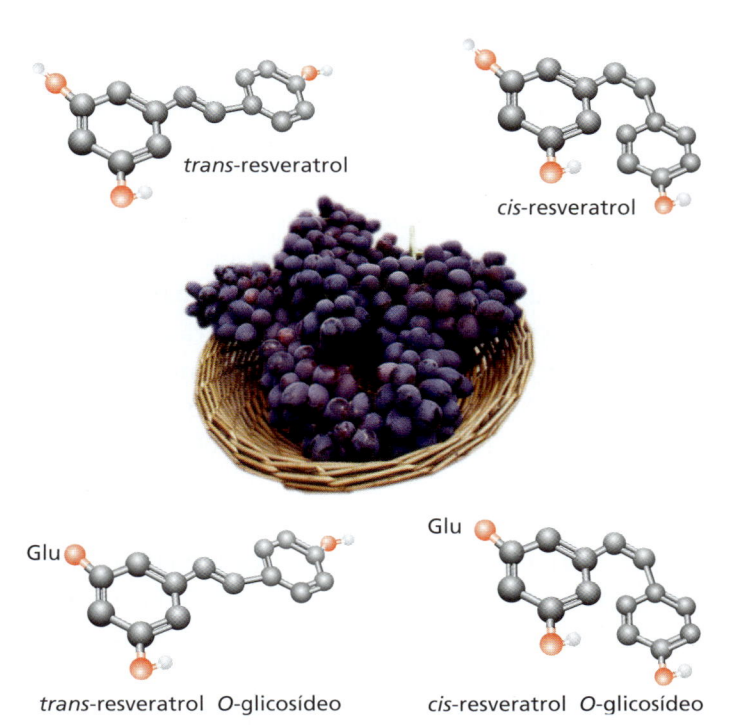

As plantas não podem fugir de seus predadores. Como defesa, elas contam com a química...

O CONCEITO DE ESTRESSE OXIDATIVO

Em 1985 já se sabia que o aumento da produção celular das chamadas ROS – seja por radiação de alta energia, alta tensão de oxigênio, metabolismo de poluentes e medicamentos, combate a microorganismos ou disponibilidade de íons de metais de transição – levava lipídios, proteínas e DNA à oxidação. Em consequência, prejudicava a função fisiológica (Fig. 2.35). Alguns dos produtos das biomoléculas oxidadas tinham sido identificados e os pesquisadores procuravam detectar um aumento desses produtos em modelos animais de doenças, e mesmo em fluidos biológicos de doentes humanos. Também estava

Fig. 2.33 Estrutura do resveratrol e seus derivados, que são encontrados em uvas, vinho tinto, suco de uvas, amendoim e frutas vermelhas. Esse tipo de flavonóide pode ser o segredo dos benefícios consumo de vinho – em doses moderadas, é claro. A forma predominante em uvas é o trans-resveratrol-O-glicosídeo

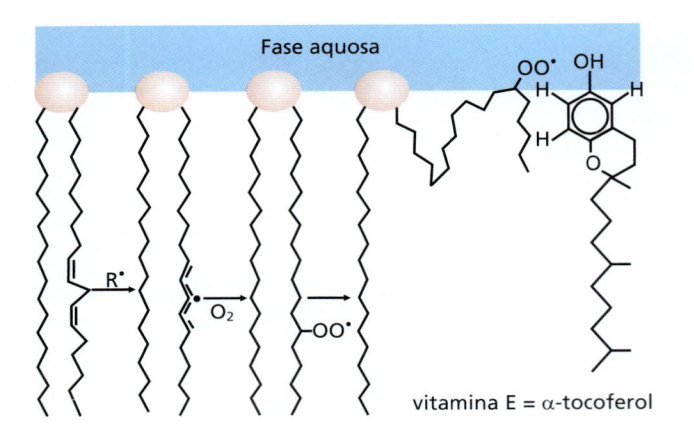

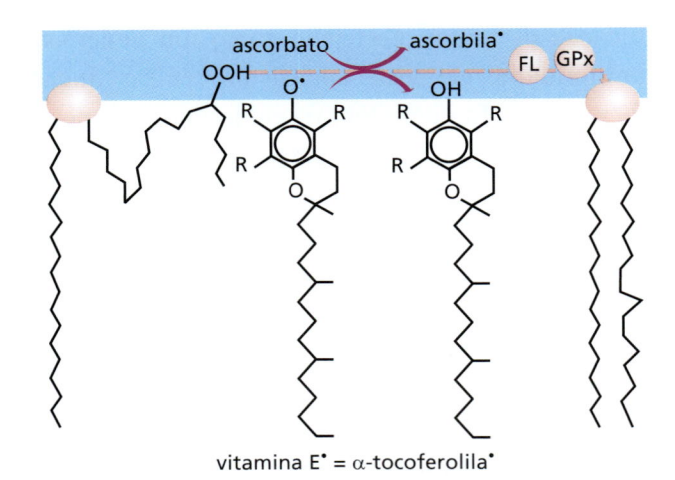

Fig. 2.34 Ação conjunta de α-tocoferol e ascorbato para inibir o processo de peroxidação de membranas biológicas. Após o começo da peroxidação e reação com oxigênio molecular, o caráter polar do radical peroxila derivado do lipídio o localiza na interface lipídio/água, onde ele reage com o grupo fenol do tocoferol (a). A reação produz o hidroperóxido do lipídio e o radical tocoferila – que, por sua vez, reage com o ascorbato na fase aquosa, regenerando a vitamina E e produzindo o radical ascorbila. Este dismuta a ascorbato e dehidroascorbato. O hidroperóxido de lipídio pode ser reduzido ao lipídio pela ação conjunta de fosfolipases (FL) e glutationa peroxidase (GPx)

claro que os organismos possuíam enzimas cuja função era limitar as quantidades das chamadas ROS.

Além das SODs, já se conheciam bem as enzimas que decompõem peróxido de hidrogênio e peróxidos orgânicos, como a catalase e a glutationa peroxidase (e, atualmente, a ação de peroxiredoxinas e tioredoxinas). Enzimas que repõem antioxidantes endógenos como o GSH e o NADPH, que são co-fatores de enzimas antioxidantes (Quadro 2.2), também já eram conhecidas, bem como os efeitos antioxidantes de algumas vitaminas. Descobriram-se enzimas cujas funções eram reparar biomoléculas oxidadas. Além da glutationa peroxidase, que repara lipídios peroxidados (Fig. 2.29), começaram a ser caracterizadas enzimas que reparam lesões no DNA (Fig. 2.36). Neste contexto, o pesquisador alemão Helmut Sies elaborou o conceito de estresse oxidativo.

Estresse oxidativo seria um desequilíbrio celular no qual os oxidantes predominariam sobre os antioxidantes, ocasionando um potencial dano oxidativo. Helmut Sies foi claro ao destacar que o conceito precisava ser trabalhado para uma definição experimental de dano oxidativo. Em síntese, precisava-se de biomarcadores adequados de dano oxidativo e, conseqüentemente, de situações de estresse oxidativo. Contudo, mesmo sem esses biomarcadores, o conceito foi um sucesso total. Sua

Fig. 2.35 Esquema da visão sobre as fontes e papéis de oxidantes e radicais livres ao redor de 1985. Sabia-se que eles eram produzidos nos organismos a partir de fontes externas e endógenas (compare com a Fig. 2.2), mas só se falava dos efeitos deletérios sobre biomoléculas, células e organismos

Quadro 2.2 Defesas antioxidantes[1]

Enzimáticas	Não enzimáticas	
	Endógenas	Dieta
Superoxide dismutases	GSH	Ácido ascórbico (vit. C)
Catalases	Ácido úrico	α-tocoferol (vit. E)
GSH peroxidases	Albumina	β-caroteno
GSSG redutases		Polifenóis, flavonóides etc.
Enzimas que repõem NADPH		
Peroxiredoxinas[2]		
Tioredoxinas[2]		
Enzimas de reparo		
Enzimas que sintetizam GSH		

[1] A maioria das reações envolvidas nas ações antioxidantes é mostrada nas figuras ao longo dos capítulos
[2] O papel antioxidante dessas tiol proteínas, cuja função biológica está associada à cisteína, começou a ser caracterizado a partir de 1990, e os estudos continuam no presente

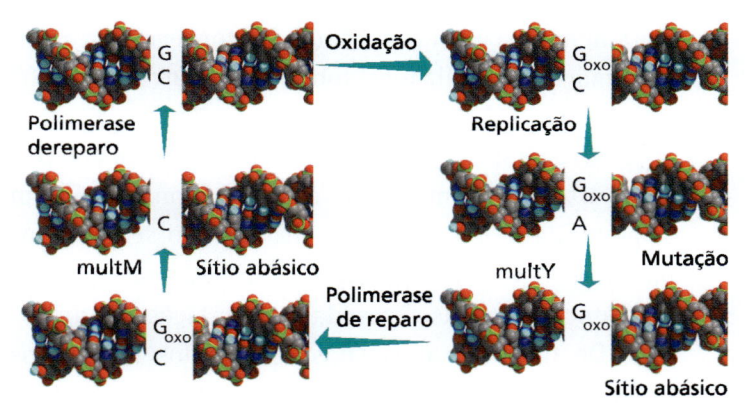

Fig. 2.36 O reparo da lesão 8-oxo-guanina, uma oxidação de DNA, envolve a participação de várias enzimas. Se não reparada, a lesão causa mutação. Isso porque, durante a replicação do DNA, uma adenina emparelha-se com a 8-oxo-guanina (e não com a citosina, que é a base correta)

difusão como uma balança desequilibrada relacionada a doenças acendeu a imaginação de muitos cientistas (Fig. 2.37). O desequilíbrio sugere que o aumento das defesas antioxidantes poderia diminuir o dano oxidativo e, quem sabe, prevenir doenças humanas.

Passou a existir um grande interesse em aumentar as defesas antioxidantes. Mas como fazê-lo? Aumentar a expressão de proteínas antioxidantes começava a ficar possível em animais, mas não era aplicável em humanos. O importante papel do GSH como antioxidante intracelular estava bem definido, mas não se sabia como controlar as enzimas que sintetizam antioxidantes endógenos (Fig. 2.28) – estamos começando a aprender isso somente agora, nos últimos anos. Sobraram então os antioxidantes da dieta e seus equivalentes ou similares comerciais.

A idéia de que a suplementação com altas doses de vitaminas antioxidantes poderia prevenir e mesmo curar doenças humanas ganhou força em alguns círculos, principalmente entre os adeptos da chamada medicina ortomolecular. Deve-se salientar que o criador da medicina ortomolecular foi Linus Pauling, até hoje o único cientista a receber sozinho dois prêmios Nobel: o de Química, em 1954, e o da Paz, em 1962. Suas contribuições fundamentais para a compreensão da natureza da ligação química já foram mencionadas anteriormente. A partir de 1970, Pauling passou a defender veementemente o uso de megadoses de vitamina C para combater resfriados e retardar o aparecimento de cânceres.

Embora muito difundidas devido à popularidade do autor, essas sugestões nunca foram comprovadas cientificamente, e são consideradas por muitos a herança "maldita"

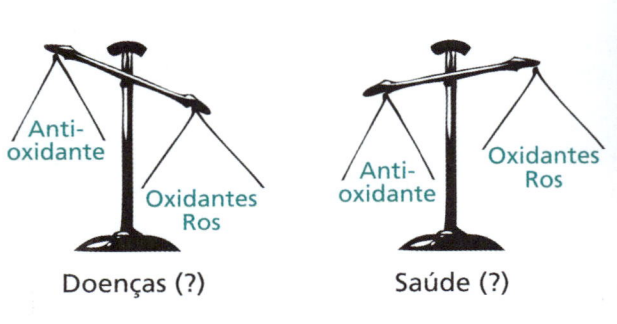

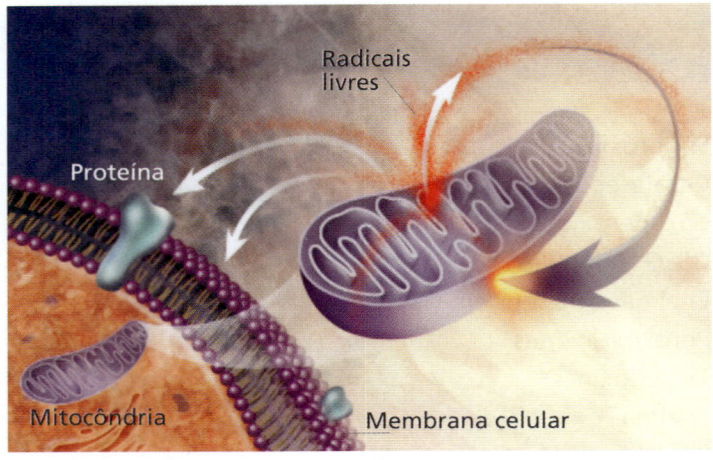

Fig. 2.37 O conceito clássico de estresse oxidativo criou controvérsias sobre a prevenção de doenças humanas a partir de suplementação com vitaminas. Por outro lado, gerou também consensos, como a importância de dieta rica em frutas e vegetais e de exercício físico

de Pauling. De qualquer forma, o cientista também legou um instituto de pesquisa organizado (Fig. 2.38). O Instituto Linus Pauling, atualmente situado em Corvallis (Oregon, EUA) é um centro de excelência em medicina alternativa do National Institute of Health (NIH). Contando com cientistas prestigiados, a missão do Instituto é "estabelecer a função e o papel de micronutrientes e fitoterápicos na promoção da saúde e na prevenção do tratamento de doenças". Também fornece, via rede, informações atualizadas sobre micronutrientes e fitoterápicos.

Controvérsias à parte, as evidências de um componente oxidativo em muitas doenças humanas foram se acumulando. Nem sempre ficou claro se os danos oxidativos monitorados eram causa ou consequência da doença e, muitas vezes, da manipulação das amostras. De fato, a maioria das células dos mamíferos está exposta a pressões muito baixas de oxigênio (dez vezes menores que as atmosféricas, como mostra a Fig. 2.39, e a coleta de amostras aumenta abruptamente essa pressão. Além disso, para quantificar produtos de oxidação de biomoléculas em biópsias humanas, órgãos de animais modelos e células em cultura, é necessário romper os tecidos. Neste processo, ocorre um aumento não apenas da pressão do oxigênio, mas também da disponibilidade dos íons de metais de transição que estavam presos nos tecidos (Fig. 2.40). Por isso, oxidações *ex-vivo* são possíveis – e a literatura é pródiga em exemplos de disputas entre diferentes grupos sobre marcadores de dano oxidativo em diferentes situações.

Outro problema foi o uso de metodologias simples para avaliar processos complicados. Inicialmente, por facilidades experimentais, o dano oxidativo era mo-

Fig. 2.38 Linus Pauling: defensor do uso de altas doses de vitaminas antioxidantes, ele foi o criador da medicina ortomolecular

radicais livres como maus à vida

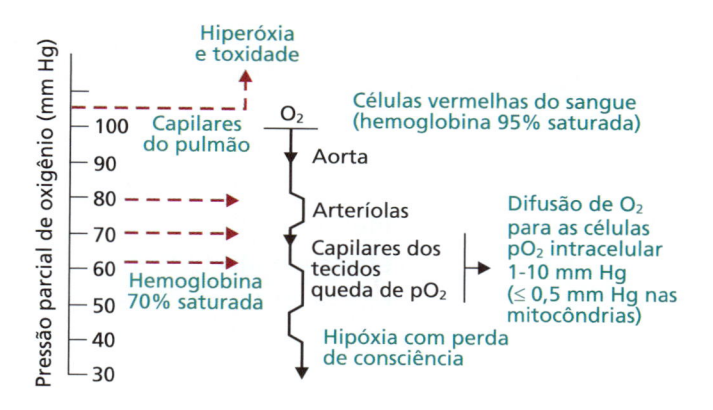

Fig. 2.39 Distribuição do oxigênio molecular no corpo humano. A maioria das células está exposta a concentrações muito baixas de oxigênio

nitorado principalmente pela formação de produtos finais de peroxidação lipídica – como quimioluminescência e aldeídos (Fig. 2.4) – e por quebras de DNA (Figs. 2.6 e 2.24). Porém, todos esses produtos podem resultar de processos outros que não o aumento de oxidantes. Atualmente, as metodologias estão muito mais sofisticadas, mas os papéis patofisiológicos dos radicais livres permanecem um grande desafio.

Apesar de todos os problemas, a possibilidade de combate ou prevenção de doenças por meio de suplementação com antioxidantes era atraente sob vários aspectos. Destacam-se dois. Primeiro, há o aspecto econômico: conforme a população idosa aumenta em nossas sociedades, torna-se muito importante prevenir doenças associadas ao envelhecimento, como acidentes cardiovasculares, cânceres, diabetes e doenças neurodegenerativas. Em segundo, há o aspecto científico: se a suplementação tivesse um efeito mensurável e estatisticamente significativo em pacientes humanos, ela comprovaria inequivocamente a associação entre estresse oxidativo e doenças responsivas, controláveis pela suplementação.

Assim, foram realizados muitos estudos clínicos bem controlados, com milhares de pacientes e por longos períodos de tempo (de três a doze anos), analisando o efeito da suplementação com vitaminas antioxidantes sobre o risco de certas doenças, sobretudo as cardiovasculares. Mas os resultados não foram os mais animadores. De maneira geral, os efeitos da suplementação foram, no máximo, discretos (Quadro 2.3). E, em alguns casos, houve tanto efeitos benéficos como adversos.

Como interpretar esses resultados? Estaria incorreta a associação entre estresse oxidativo e algumas doenças humanas? Provavelmente não. O problema é que a visão clássica de estresse oxidativo, enfatizando as chamadas ROS (Quadro 2.1, Fig. 2.36) e seus papéis necessariamente nocivos, era simples e incompleta. Nem todos os oxidantes e radicais livres de relevância biológica tinham sido reconhecidos, colocando dúvidas sobre a escolha das vitaminas antioxidantes já testadas em ensaios clínicos. Pior, os cientistas ainda nem haviam percebido que radicais livres podem ser tanto maus quanto essenciais aos organismos vivos. Os conceitos precisavam ser elucidados, e estão sendo, continuamente...

Mas apesar das dúvidas, o conceito de estresse oxidativo teve um grande impacto social. Tornou consensual que uma dieta rica

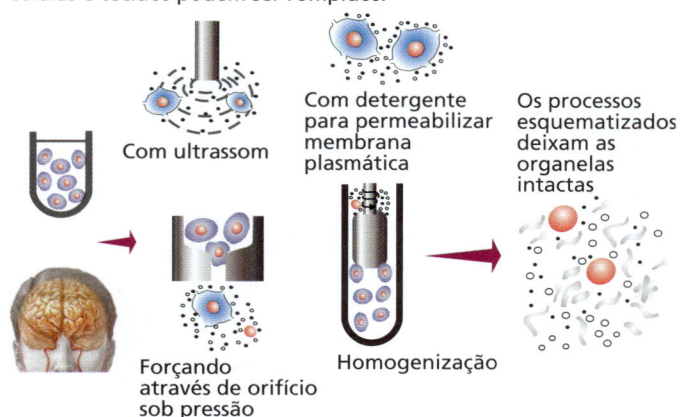

Fig. 2.40 Alguns métodos para romper células e tecidos. São métodos suaves, que mantêm a integridade das organelas celulares. Mesmo assim, fica claro que a pressão de oxigênio aumenta e que pode aumentar a disponibilidade de íons de metais de transição que estavam seqüestrados nas células e tecidos

RADICAIS LIVRES: bons, maus e naturais

Quadro 2.3 Exemplos de ensaios clínicos controlados sobre o efeito de suplementos antioxidantes em eventos cardiovasculares[1]

Estudo	Antioxidante	Pacientes número	características	Duração (anos)	Resultado
GISSI	vit. E	11.324	pós-MI	3,5	sem efeito em MI+CVD+M
HOPE	vit. E	9.541	risco de CVD	4,5	sem efeito em MI+CVD+M
ATBC	β-caroteno	27.271	fumantes	6,1	sem efeito em MI+CVD+M
CHAOS	vit. E	2.002	doença coronária	1,4	diminuição de MI não fatal
ASAP	vit. C/E	520	colesterol alto	3,0	diminuição de EI
ATBC	vit. E	29.133	fumantes	6,1	aumento em derrame
WAVE	vit. C/E/TRH	423	PM/CVD	2,8	aumento M

1Abreviaturas: MI (infarto), CVD (doenças cardiovasculares), M (morte), PM/CVD (mulheres na pós menopausa em terapia de reposição hormonal); GISSI (*Grupo Italiano per lo Studio della Spravvivenza nell'infarto miocardico-prevenzione study*); HOPE (*Heart Outcomes Protection Evaluation trial*); ABTC (*Alpha-Tocopherol-Beta-Carotene Cancer Prevention study*); CHAOS (*Cambridge Heart AntiOxidant Study*); ASAP (*Antioxidant Supplementation in Atherosclerosis Prevention study*); WAVE (*Women's Angiographic Vitamin and Estrogen Study*)

em frutas, vegetais e sementes – e, portanto, em antioxidantes reais e potenciais – e a atividade física moderada são essenciais para a saúde humana (Fig. 2.41). A difusão na mídia é a principal responsável pela conscientização de que deveríamos mudar, ou tentar, nosso estilo de vida.

Fig. 2.41 A pirâmide tradicional do NIH para uma boa saúde só colocava em quais proporções deveríamos ingerir determinados alimentos. Em 2005, a pirâmide passou a considerar a atividade física essencial. Mais ainda: acessando o site do NIH, você pode construir uma pirâmide personalizada

radicais livres como maus à vida

SAIBA MAIS

⊙ EPR NA BIOLOGIA: CARACTERIZANDO RADICAIS LIVRES

Espécies com elétrons desemparelhados, radicais livres e metais de transição podem ser detectados e caracterizados pela espectroscopia de ressonância paramagnética eletrônica, cujos fundamentos estão baseados no momento magnético de *spin* do elétron livre, como você já viu no *Saiba Mais* do Cap. 1. Existem vários tipos de instrumentos de EPR, e os mais utilizados para a detecção de radicais livres em amostras biológicas operam com freqüências na faixa de 9-10 GHz (espectrômetro de banda X). Nesse espectrômetro, a posição da ressonância (g) de um elétron livre é 2,0023, e o campo magnético onde ocorre a transição é 3.480 Gauss a uma freqüência de 9,75 GHz pela equação da condição da ressonância: $g = h\nu/\beta B$, onde h é a constante de Planck ($6,62608 \times 10^{-34}$ J.s), β é uma constante característica do elétron ($9,274 \times 10^{-24}$ J.T^{-1}), ν a freqüência das microondas, e B o campo magnético onde ocorre a transição. Veja no *Saiba Mais* do Cap. 1. A maioria dos radicais livres apresenta um valor de g muito próximo ao do elétron livre, mas diferente, porque em cada radical livre o elétron desemparelhado terá um ambiente estrutural (vizinhança) diferente. Os valores de g ajudam a caracterizar o radical livre, como exemplificado no *Saiba Mais* do Cap. 1 para o ânion radical carbonato, cujo valor de g em soluções aquosas é 2,0013.

Nem todos os radicais livres têm um espectro de EPR monótono – 1 linha, relacionada a uma condição de ressonância – porque o elétron livre interage com núcleos vizinhos que possuam momento magnético de *spin* nuclear (I). Isso leva ao desdobramento dos níveis de energia em montantes que chamamos de constante de desdobramento hiperfino (a). Dentre os átomos de interesse em Biologia que possuem *spin* nuclear diferentes de zero estão o isótopo mais comum do hidrogênio, ^{1}H (I = ½), e do nitrogênio, ^{14}N(I = 1). Assim, o espectro do ânion radical carbonato tem só uma linha, porque os isótopos mais abundantes do átomo de oxigênio (^{16}O) e de carbono (^{12}C) não têm *spin* nuclear. Já o tempol tem um espectro de EPR de 3 linhas, porque o elétron livre interage com o átomo de nitrogênio, que tem *spin* nuclear 1 (Fig. 1.19). O número de linhas observado num espectro de EPR é dado por N = 2nI + 1, onde *n* é o número de núcleos equivalentes com *spin* I. O radical ascorbila da vitamina C, por sua vez, mostra duas linhas, porque o elétron livre interage fortemente só com o átomo de hidrogênio ligado diretamente ao anel (I = ½) (Fig. 1).

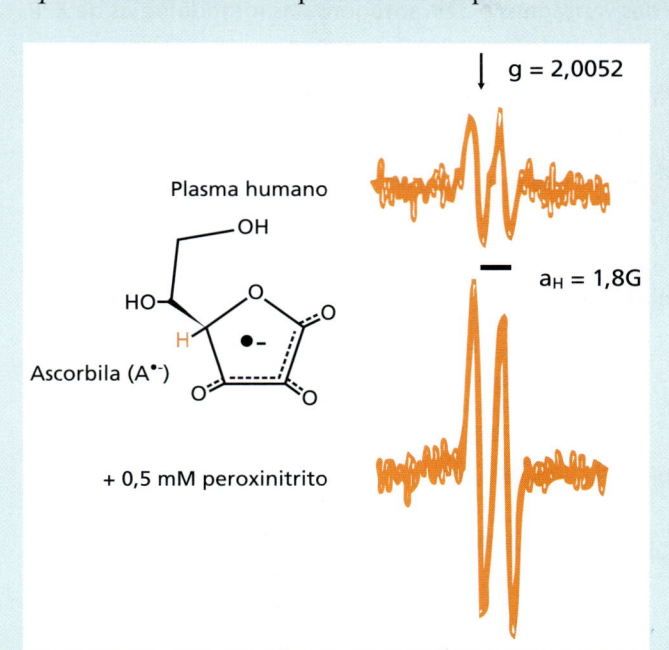

Fig. 1 O espectro de EPR do plasma de humanos mostra o sinal do radical ascorbila, que poderia estar indicando um certo "estresse oxidativo". Mas é difícil excluir que o radical esteja sendo formado durante a coleta do sangue e manipulação da amostra. A adição do oxidante peroxinitrito ao plasma aumenta o sinal de EPR mostrando que o ascorbato do plasma atua contra o oxidante formando um radical relativamente estável, o ascorbila (adaptado de *Biochemical Journal*, v. 314, n. 869, 1996)

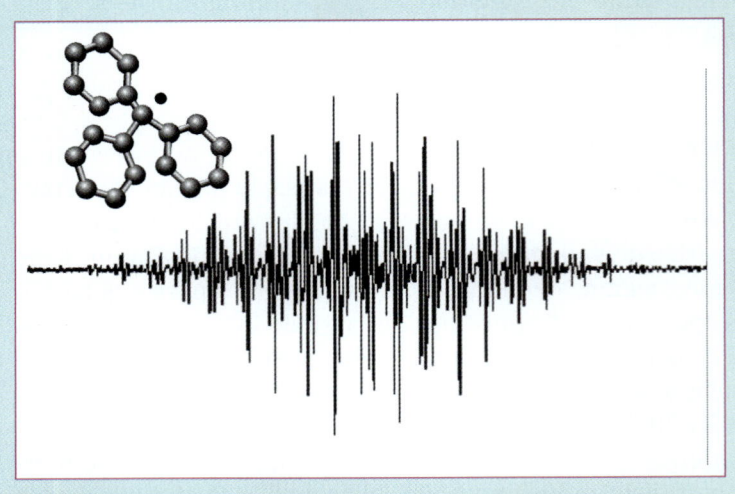

Fig. 2 Espectro de EPR do radical trifenilmetila, isolado por Gomberg: as muitas linhas devem-se à interação do elétron desemparelhado com os vários hidrogênios da molécula

Esses exemplos mostram que a espectroscopia de EPR pode caracterizar inequivocamente um radical livre. Em moléculas aromáticas, a deslocalização do elétron pode levá-lo a interagir com vários núcleos não equivalentes de H e/ou N. É por isso que os espectros podem ficar bastante complexos, como ocorre no caso do primeiro radical livre isolado: o radical trifenilmetila de Gomberg (Fig. 2).

Nesses casos, programas de simulação nos auxiliam a interpretar os espectros de EPR. Assim seria muito fácil detectar e identificar radicais livres se todos eles fossem tão estáveis como o tempol, ascorbila e trifenilmetila, mas a maioria não é, nem em soluções aquosas à temperatura ambiente e muito menos em condições fisiológicas. Nessas condições, o radical hidroxila sobrevive menos que 1 nanosegundo (Fig. 2.6). Veremos adiante que o dióxido de nitrogênio sobrevive poucos microsegundos, e o óxido nítrico, poucos segundos (Fig. 3.16). Sobrevivendo por períodos tão curtos, a maioria dos radicais livres não atinge concentrações maiores que o limite de detecção do instrumento de EPR – de 10^{-9} M a 10^{-6} M.

Deste modo, foram desenvolvidas adaptações para: aumentar o tempo de vida da espécie, como o congelamento; diminuir o tempo entre a formação e a observação da espécie, como o EPR de fluxo contínuo; e transformar a espécie num radical livre mais estável, como a reação com um captador de *spin* (Figs. 2 e 3). Cada uma das metodologias tem suas vantagens e desvantagens, e a aplicabilidade de cada uma tem que ser avaliada caso a caso (Quadro).

Quadro Resumo das vantagens e desvantagens das metodologias de EPR

Detecção de radicais livres por EPR

Método	Vantagens	Desvantagens
1. EPR direto (soluções)	Fornece estrutura	
a. estático	Requer pouca amostra	Detecta radicais estáveis ($t_{1/2}$~min)
b. fluxo contínuo	Detecta radicais transientes	Requer muita amostra não detecta $O_2^{\bullet-}$, $^{\bullet}OH$, $RS^{\bullet}$
2. EPR direto (congelado)	Detecta radicais transientes ($t<10^{-6}$s) Requer pouca amostra Fornece informação estrutural no caso de complexos metálicos	Pouco útil para radicais orgânico devido a anisotropia
3. Captação do *spin*	Uso amplo	Pouca informação estrutural
4. Captação/HPLC/MS/ técnicas imunológicas	Uso amplo	Em avaliação

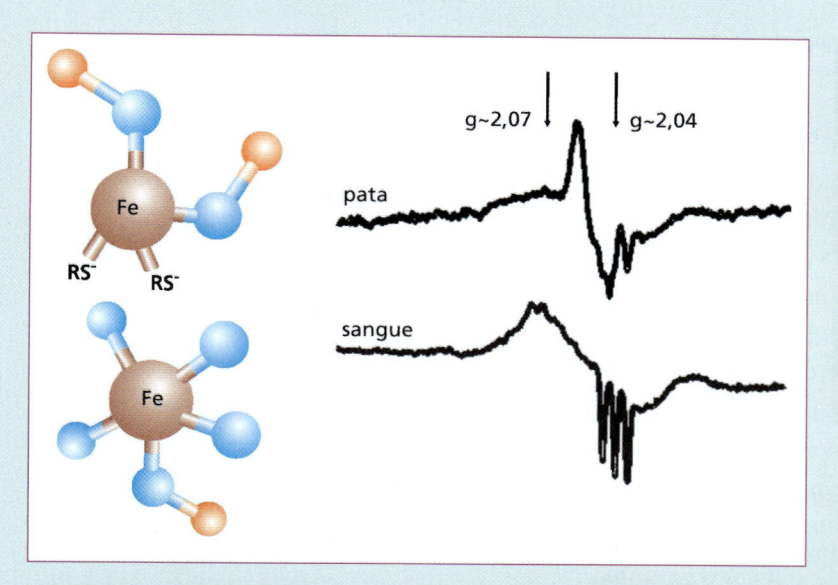

Fig. 3 Espectros de EPR da pata e sangue de camundongos infectados com o parasita *Leishmania* mostram claramente que, em resposta à infecção, os camundongos sintetizam óxido nítrico, porque seus complexos com proteínas ferro-enxofre e hemoglobina são claramente detectados no espectro (adaptado de *Free Radical Biology and Medicine*, v. 30, n. 1234, 2001)

Vou exemplificar com alguns estudos dos nossos laboratórios. Para detectar o ânion radical carbonato, muito transitório (t1/2~ microsegundo), misturamos em fluxo contínuo soluções de peroxinitrito com o par bicarbonato/dióxido de carbono (EPR de fluxo contínuo, *Saiba Mais* do Cap. 1).

Esse e outros experimentos que publicamos em 1999 foram importantes para demonstrar que esse radical poderia ser formado em sistemas biológicos, ou seja, *in vivo* –algo que, até então, era praticamente ignorado. Também examinamos o papel do óxido nítrico e oxidantes dele derivados no combate à infecção pelo parasita Leishmania. Para isso, varremos espectros de EPR à baixa temperatura de 77 K, a temperatura do nitrogênio líquido, utilizando amostras de sangue e tecido de patas de camundongos infectados (Fig. 3). Nesses casos, pudemos utilizar EPR direto porque era viável. Os espectros de óxido nítrico com grupos heme e ferro-enxofre eram bem conhecidos. Além disso, não era difícil ou economicamente proibitivo conseguir quantidades consideráveis de peroxinitrito para os experimentos de fluxo.

Todavia, a metodologia que tem sido mais empregada para detectar radicais livres em sistemas biológicos tem sido um método indireto: EPR associado à captação de *spin*. Nele, um radical livre transitório reage com um captador de *spin*, como, por exemplo, o DMPO ou o POBN (veja as Figs. 4 e 5) para produzir um radical aduto mais estável: um nitróxido) que se acumula e atinge concentrações detectáveis por EPR.

> Radical aduto é um radical produto de adição

> Captador de *spin* é um composto químico que não é radical livre, mas reage facilmente com um radical livre, facilitando sua detecção

O método é apropriado para a detecção de radicais de grande interesse biológico, como o ânion radical superóxido, o radical hidroxila, o radical glutationila – produzido pela oxidação por um elétron da glutationa – e radicais livres derivados de proteínas, principalmente em reações enzimáticas. A metodologia nem sempre funciona em células, organelas e animais experimentais, porque os radicais adutos podem ser metabolizados e deixam de ser detectáveis por EPR.

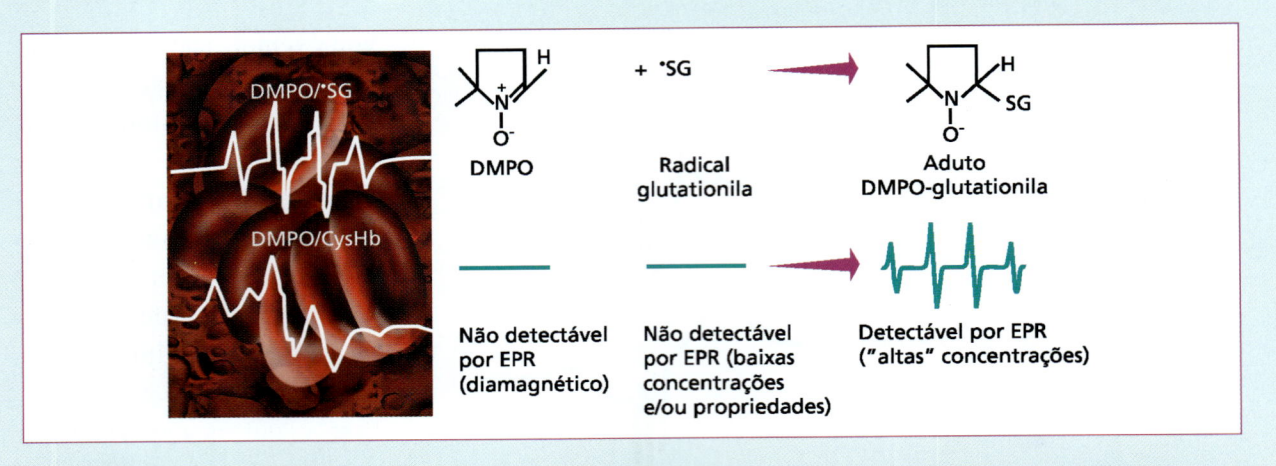

Fig. 4 Descrição do método do captador de *spin* (*spin-trapping*), que tem sido o mais útil para detectar radicais livres em sistemas biológicos. A inserção mostra que o tratamento de células vermelhas com peroxinitrito leva à produção dos radicais do antioxidante glutationa (radical glutationila) e da hemoglobina (hemoglobina-tiila) (adaptado de *Biochemistry*, v. 43, n. 344, 2004)

De qualquer forma, a metodologia tem sido muito útil para a compreensão da bioquímica de radicais livres. Por exemplo, em nossos laboratórios demonstramos que o tratamento de eritrócitos humanos com peroxinitrito leva à formação de radicais hemoglobina-cisteinila e glutationila, ambos captados com DMPO (Fig. 4, inserção). Em ratos vivos, estudamos o metabolismo do acetaldeído, que é um importante metabólito do etanol e também um poluente da atmosfera de nossas cidades, em razão do uso de etanol como combustível. Administramos o captador de *spin* POBN e o acetaldeído aos ratos, coletamos a bile e a examinamos por EPR (Fig. 5). Mostramos que o acetaldeído é metabolizado ao radical metila que, por sua vez, deve atacar lipídios endógenos, pois detectamos na bile os dois radicais adutos do POBN.

Experimentos desse tipo funcionam bem para xenobióticos e

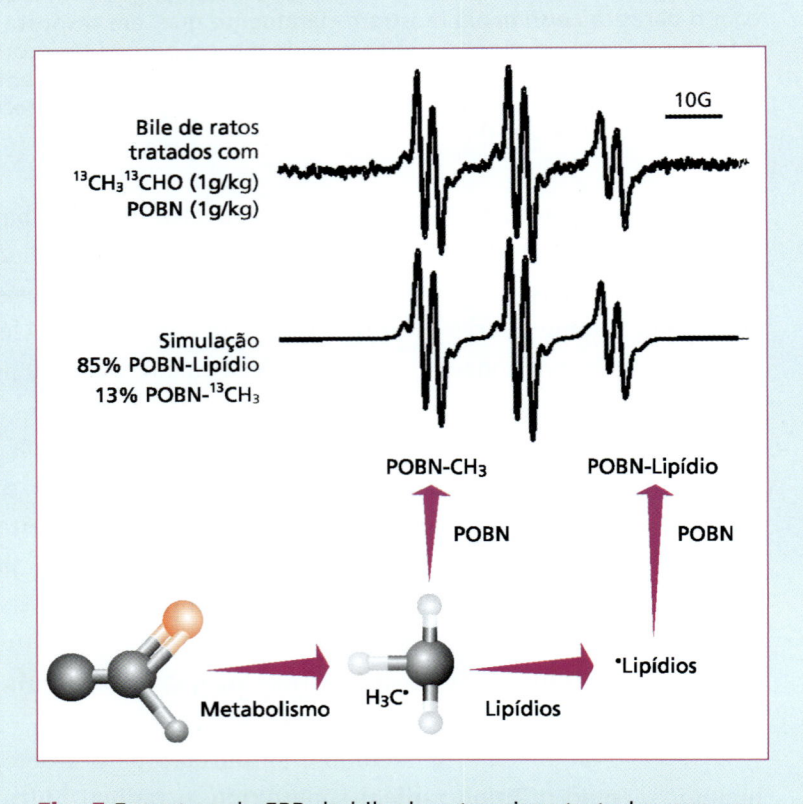

Fig. 5 Espectros de EPR da bile de ratos vivos tratados com acetaldeído marcado com ^{13}C e o captador de *spin* POBN. Os experimentos mostram que o acetaldeído é metabolizado ao radical metila – que, por sua vez, ataca lipídios endógenos, porque detectou-se radicais adutos POBN/•$^{13}CH_3$ e POBN/•L (adaptado de *Free Radical Biology and Medicine*, v. 29, n. 721, 2000)

poluentes, principalmente se houver compostos marcados com isótopos que possuam *spin* nuclear para serem visualizados nos espectros de EPR. Para uma aplicação mais ampla em células e animais experimentais, alguns investigadores procuram tornar o método do captador de *spin* sensível o suficiente para detectar concentrações de radicais livres mais próximas das fisiológicas ($<10^{-9}$ M na maioria dos casos). Para isso, o método está sendo combinado à espectroscopia de massa e a técnicas imunológicas. Aperfeiçoamentos também devem surgir em breve.

RADICAIS LIVRES COMO BONS, MAUS E NATURAIS 3

Cenas da Vida Diária 3:
O VIAGRA E O VAGA-LUME

Responda rápido: o que é que o Viagra e o vaga-lume têm em comum? Calma... os mais tímidos não precisam ficar desconcertados, e os mais despudorados podem tirar esse sorriso do rosto... a resposta está na química: óxido nítrico! Em 1987, cientistas norte-americanos descobriram que o óxido nítrico (NO), gás produzido pelo sistema imunológico para proteger o corpo contra microorganismos causadores de inflamações, possui ação vasodilatadora nas paredes internas das veias e artérias. É responsável, portanto, pelo controle da pressão sangüínea que leva à ereção do pênis. A descoberta possibilitou a produção de um medicamento contra impotência masculina, o Viagra, e acabou rendendo aos pesquisadores Louis Ignarro, Robert Furchgott e Ferid Murad o Prêmio Nobel de Medicina de 1998. O próximo passo, a partir da melhor compreensão dos mecanismos de produção do óxido nítrico pelas células, é encontrar medicamentos mais efetivos no combate à hipertensão e arteriosclerose.

E o que é que tem o vaga-lume com esta história? É que o mesmo NO, que controla a pressão sangüínea nos vasos e produz a ereção, também funciona como um sinalizador de reações bioquímicas: a lanterna dos vaga-lumes se acende toda vez que se estimula a produção dessa substância. E, bem, podemos dizer que o objetivo é o mesmo: o acasalamento! O vaga-lume dispara seus *flashes* para cortejar a fêmea.

No Brasil, um dos maiores estudiosos dos mecanismos de emissão de luz desses coleópteros é o bioquímico Etelvino Bechara, do Instituto de Química da USP. Ele está testando a hipótese de que o brilho dos vaga-lumes pode ser uma adaptação evolutiva contra a ação nociva dos radicais livres. Afinal, a bioluminescência dos vaga-lumes – produzida por células especiais chamadas fotócitos – é uma reação química que consome oxigênio. Sabe-se que a oxidação produz radicais livres, moléculas instáveis altamente reativas, pois seus átomos possuem número ímpar de elétrons. Para atingir a estabilidade, os radicais livres tendem a se associar rapidamente a outras moléculas de carga positiva, danificando células sadias do organismo. No vaga-lume, o oxigênio reage com uma substância chamada luciferina, controlada pela enzima luciferase. A luciferase esgota o oxigênio que existe dentro da célula – e, assim, poderia agir como antioxidante, reduzindo a formação de radicais livres no vaga-lume.

A BIOLOGIA E O ÓXIDO NÍTRICO

Ao final do séc. XX, acontece uma revolução na Biologia, ocasionada, quem diria, por um radical livre conhecido pelos químicos desde o séc. XIX: o pequeno, gasoso e poluente óxido nítrico (NO$^\bullet$). Ele é um dos componentes dos famosos óxidos de nitrogênio (NO$_X$ = NO$^\bullet$ + NO$_2^\bullet$), que freqüentam a mídia como poluentes preocupantes porque são produtos da combustão incompleta de combustíveis fósseis. Seus níveis estão aumentando cada vez mais nas áreas urbanas e rurais (Fig. 1.17). Os efeitos tóxicos desses poluentes sobre os organismos vivos eram estudados há muito, mas não se cogitava que eles fossem formados continuamente em nossos organismos – e, no caso do óxido nítrico, para mediar atividades vitais (Fig. 3.1).

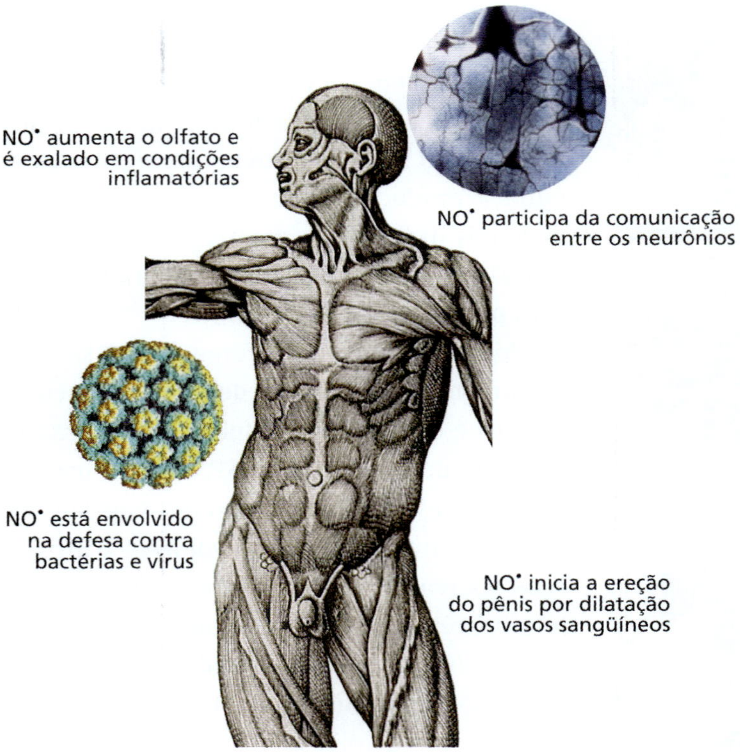

O reconhecimento tardio da síntese e dos papéis do óxido nítrico no organismo é um exemplo contundente das dificuldades que enfrentamos, cientistas ou não, para romper preconceitos e paradigmas. A vantagem do pensamento racional é substituir os paradigmas quando eles deixam de ser úteis ao conhecimento e a práticas humanas. No caso do óxido nítrico, as evidências sobre suas funções fisiológicas vieram de tantos campos diferentes (biologia vascular, imunologia, neurologia, farmacologia) que toda a comunidade científica acabou se convencendo. Mas não sem resistências ou "comidas de bola"... por exemplo: desde 1950 sabia-se que os seres humanos excretavam nitratos, que são metabólitos do óxido nítrico, mas pensava-se que eram provenientes da dieta, e ninguém investigou suas origens. Pelo contrário, quando se demonstrou que nitratos podiam ser metabolizados a nitrosaminas, compostos carcinogênicos, muitos começaram a aconselhar a total eliminação de defumados da dieta sem investigar se seria, de fato, possível eliminar nitratos de nossos organismos (e não é!).

Fig. 3.1 As múltiplas funções do óxido nítrico, como resumido pela Academia de Ciências da Suécia ao divulgar o prêmio Nobel de 1998

O pesquisador norte-americano Louis Ignarro, que compartilhou o Prêmio Nobel de 1998 com os também americanos Ferid Murad e Robert Furchgott (Fig. 3.2) por elucidar a ação vascular do óxido nítrico, destacou em sua conferência da premiação: mesmo quando as evidências estavam claras de que o EDRF (da sigla em inglês para *fator de relaxamento derivado do endotélio*) era o óxido nítrico, ninguém tinha coragem de afirmar isso. Até que ele e Furchgott verbalizaram, paralela e independentemente, que o EDRF era o óxido nítrico, num congresso internacional em Rochester, USA, em junho de 1986.

Foi preciso coragem para reformular dois conceitos consagrados. O primeiro, de que radicais livres não mediam respostas fisiológicas outras que não citotoxicidade a microorganismos invasores (Fig. 2.21). O segundo, de que mensageiros celulares não poderiam ser moléculas transientes como o óxido nítrico, cujo tempo de vida estimado em condições fisiológicas é de um a trinta segundos. Mensageiros celulares estão envolvidos em mecanismos de sinalização, pelos quais as células respondem a alterações do ambiente, como disponibilidade de nutrientes, solutos e mensagens enviadas por outras células (como hormônios, citocinas e neurotransmissores). Até a descoberta do óxido nítrico como mensageiro, os mecanismos de sinalização e receptores conhecidos eram proteínas transmembranares. Com suas estruturas tridimensionais, elas reconhecem especificamente a molécula que sinalizava a alteração do ambiente (Fig. 3.3).

Após o reconhecimento da mensagem, acontece uma cascata de eventos intracelulares envolvendo "segundos mensageiros", de modo a permitir que as células se adaptem às condições reveladas pelo sinal, usualmente pela transcrição de genes para a produção

Fig. 3.2 Os ganhadores do Prêmio Nobel de Medicina 1998: Robert Furchgott, Louis Ignarro e Ferid Murad

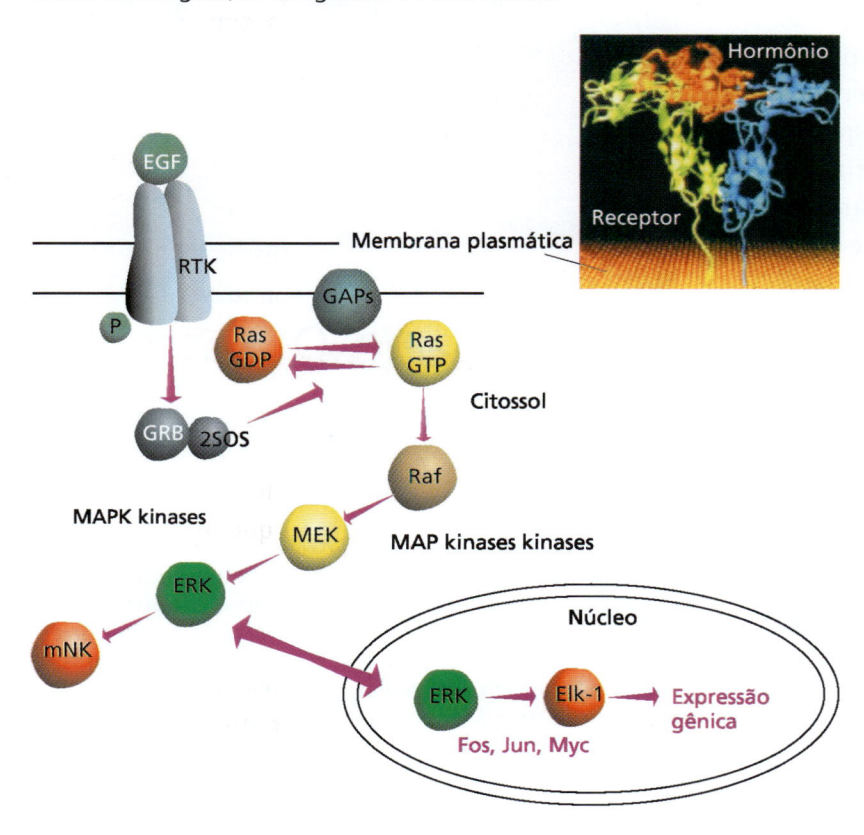

Fig. 3.3 Esquema do mecanismo clássico de sinalização, no qual a proteína transmembranar RTK reconhece a mensagem EGF e dispara uma cascata de eventos intracelulares, envolvendo ativação de proteínas, usualmente cinases (kinases). Estas fosforilam outras proteínas que, ao final, induzem a expressão de genes essenciais para adaptação das células à condição revelada pelo sinal. No esquema, todas as elipses e esferas representam proteínas. A inserção exemplifica a interação de um hormônio e seu receptor transmembranar, em nível molecular

de proteínas úteis à situação (Fig. 3.3). Era também reconhecido que hormônios esteroídicos e da tireóide são mensageiros que entram nas células, mas esses hormônios não são transientes.

O EDRF fora caracterizado como um fator liberado pelas células endoteliais que forram os vasos sangüíneos, o qual induzia o relaxamento das células musculares subjacentes, propiciando assim o controle do tônus vascular. Este controle é feito pelo balanço dos efeitos de neurotransmissores que provocam o relaxamento, como a acetilcolina, e de neurotransmissores que provocam a contração, como a norepinefrina. Pensava-se que as células musculares tinham receptores para acetilcolina, e foi uma surpresa notar que não havia relaxamento induzido por acetilcolina na ausência da camada endotelial (Fig. 3.4).

Ficou claro que as células endoteliais possuíam receptores para a acetilcolina e, por ação desta, liberavam o misterioso EDRF. Este e outros estudos de vários pesquisadores, principalmente de Furchgott, Ignarro e Murad, mostraram que o EDRF era o óxido nítrico, e elucidaram o mecanismo molecular pelo qual os vasos relaxavam. Em resposta à acetilcolina, o óxido nítrico é sintetizado nas células endoteliais e difunde-se para as células musculares adjacentes, onde se liga ao grupo heme-Fe(II) da enzima guanilato ciclase, ativando-a. A enzima produz então o GMPc (guanosina monofosfato cíclico), uma molécula mensageira da captação de cálcio por estruturas intracelulares, impedindo a contração muscular – a qual sabidamente é dependente de cálcio (Fig. 3.5).

É importante ressaltar que vários pesquisadores contribuíram para elucidar a biossíntese do óxido nítrico em mamíferos. Ela ocorre principalmente pela oxidação do aminoácido arginina, catalisada por uma família de enzimas: as NOS, da sigla em inglês para *sintase do óxido nítrico* (Fig. 3.6, Quadro 3.1).

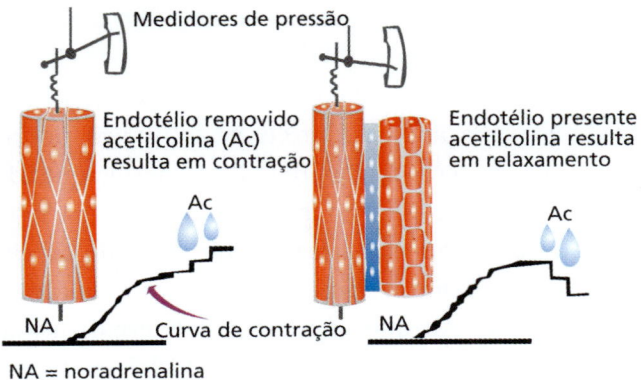

Fig. 3.4 O experimento de Furchgott demonstrou que o relaxamento do vaso dependia do fator EDRF, liberado pelas células endoteliais

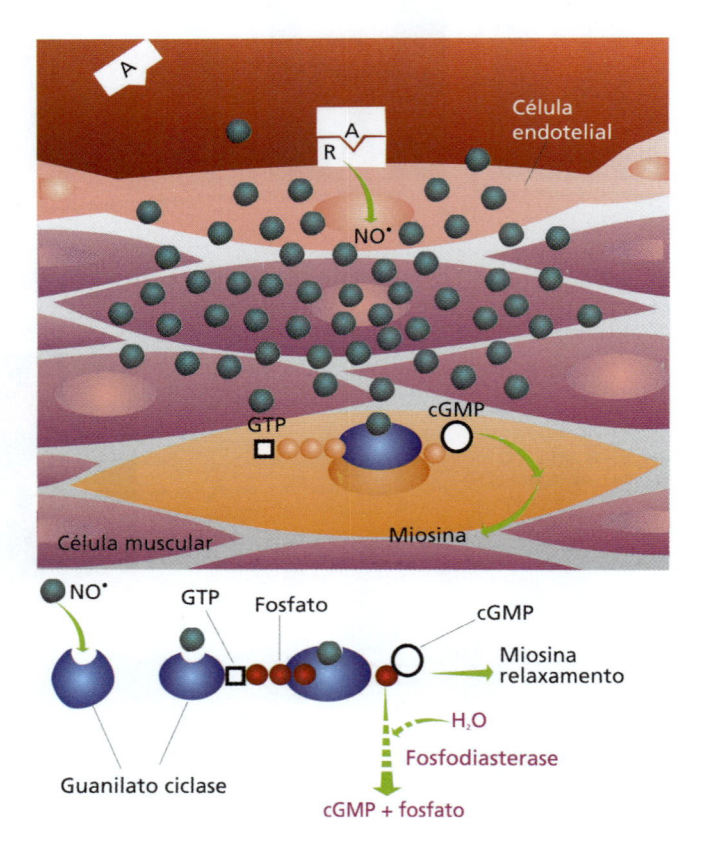

Fig. 3.5 Mecanismo pelo qual o óxido nítrico atua nas células musculares. Lá, ele se liga ao grupo heme-Fe(II) da enzima guanilato ciclase, ativando-a. A enzima produz então o GMPc, molécula mensageira da captação de cálcio por estruturas intracelulares, impedindo a contração. A resposta, que é o relaxamento muscular, depende das concentrações instantâneas do GMPc, o qual é degradado pela ação da enzima fosfodiesterase (especializada em quebrar ligações fosfato)

Muitos pesquisadores também contribuíram para caracterizar as diferentes atividades fisiológicas do óxido nítrico (Fig. 3.1), como Steven Tannenbaum, Michael Marletta, Denis Stehr, John Hibbs Jr., Solomon Snyder, David Bredt e Salvador Moncada. Muitos acreditam que Moncada (Fig. 3.7) deveria ter compartilhado o Prêmio Nobel de 1998, mas o comitê nunca indica mais do que três cientistas pela mesma descoberta.

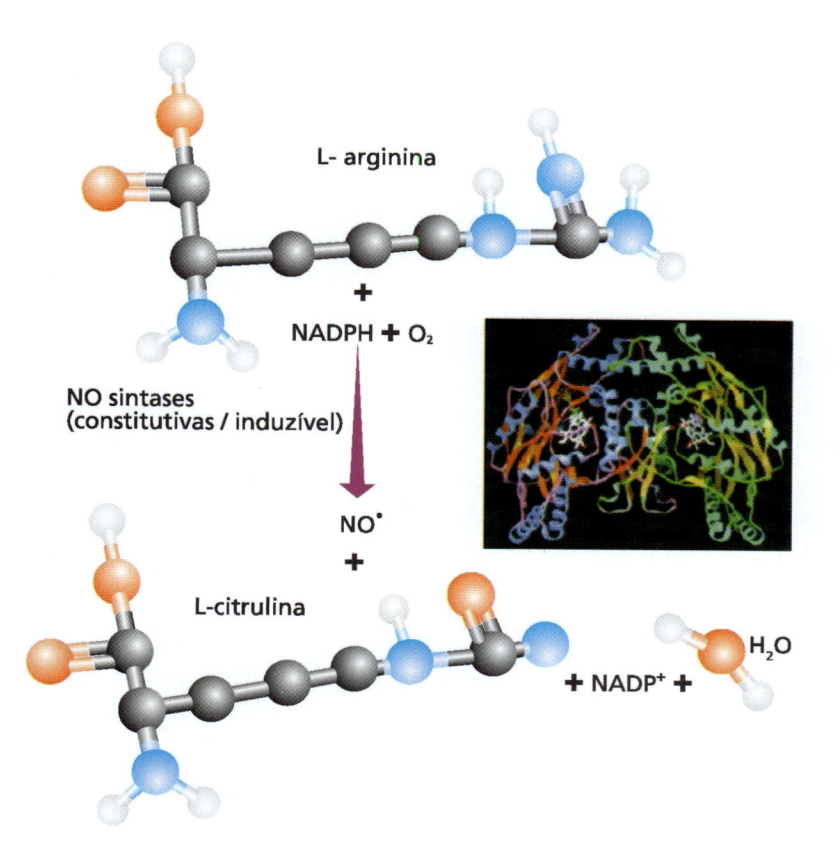

Fig. 3.6 Biossíntese do óxido nítrico a partir do aminoácido arginina, catalisada pelas enzimas óxido nítrico sintases. A inserção mostra a estrutura do domínio oxigenase da iNOS, um homodímero da NOS que contém heme, tetrahidrobiopterina e o sítio de ligação do aminoácido arginina. Essa enzima tem ainda um domínio redutase com FAD, FMN e o sítio de ligação do redutor NADPH. Fonte: *Science*, v. 279, n. 2121, 1998 (adaptado)

Fig. 3.7 O pesquisador hondurenho Salvador Moncada, atualmente radicado na Inglaterra. Acabou ficando de fora do Nobel, mas é reconhecido por seus pares como um dos descobridores das funções do óxido nítrico

Quadro 3.1 As formas (isozimas) da óxido nítrico sintase

Isozima	Nomes alternativos	M (kDa)	Propriedades específicas	Localização subcelular	Células
Neuronal	tipo I nNOS	160	dependente de Ca^{+2} constitutiva	ligada a proteínas de membranas	neuronais, musculares
Endotelial	tipo III eNOS	134	dependente de Ca^{+2}	Golgi e cavéolas	endoteliais, epiteliais, cardiomiócitos, certos neurônios
Induzível	tipo II iNOS	130	independente de Ca^{+2} solúvel?[1] induzida por estímulo inflamatório (LPS, citocinas)		macrófagos, hepatócitos, astrócitos, várias outras

[1]Os dados permanecem em discussão. A enzima já foi descrita e localizada difusamente no citossol, em membranas de fagolisossomos (estruturas que engolfam microorganismos invasores), em membranas de macrófagos e em vesículas perinucleares. Provavelmente a localização dependa do tipo e das condições da célula

Atualmente, o óxido nítrico é considerado um dos mensageiros celulares mais conservados durante a evolução, desempenhando funções sinalizadoras em microorganismos, plantas e mamíferos. A biossíntese e os mecanismos pelos quais o óxido nítrico age como mediador das múltiplas atividades que lhe tem sido atribuídas em todas as formas de vida permanecem em estudo em milhares de laboratórios ao redor de todo o mundo – inclusive, claro, no Brasil. Praticamente todos os pesquisadores que trabalham hoje em Biologia e Medicina estão interessados no óxido nítrico. Isso não surpreende, dado o impacto científico, médico e social da vasodilatação, o único mecanismo esclarecido até agora em detalhe molecular (Fig. 3.5). Essa elucidação resolveu uma questão médica secular: o mecanismo pelo qual a nitroglicerina é efetiva no tratamento de ataques cardíacos.

A nitroglicerina, o composto ativo na dinamite, foi inventada por Alfred Nobel. Ele patrocinou a criação do Prêmio Nobel com os lucros do explosivo. As propriedades terapêuticas da nitroglicerina eram conhecidas desde o fim do séc. XIX, tanto que o próprio Nobel, que sofria de angina, foi aconselhado a utilizá-la como medicamento. O sucesso terapêutico da nitroglicerina foi tão grande que vários nitratos orgânicos, seus derivados, foram obtidos e utilizados como o principal tratamento para angina. Sabia-se que a nitroglicerina e outros nitratos orgânicos aliviavam os sintomas da doença, porque dilatavam as artérias coronárias e veias que suprem sangue ao coração. Mas só agora se sabe que eles atuam porque são metabolizados ao óxido nítrico. Em outras palavras, para usar um termo da moda, esses compostos são *doadores* de óxido nítrico. É importante distinguir, todavia, doadores de óxido nítrico que precisam ser metabolizados para produzir óxido nítrico – caso dos nitratos orgânicos e de outros compostos – e aqueles que se decompõem pelo efeito da temperatura e pH fisiológico (Fig. 3.8).

Atualmente, pesquisa-se muito o desenvolvimento de novos doadores de óxido nítrico para aplicações terapêuticas. No Brasil, podemos mencionar os grupos de Douglas Franco (Instituto de Química da USP de São Carlos) e de Marcelo Ganzarolli de Oliveira (Instituto de Química da Unicamp).

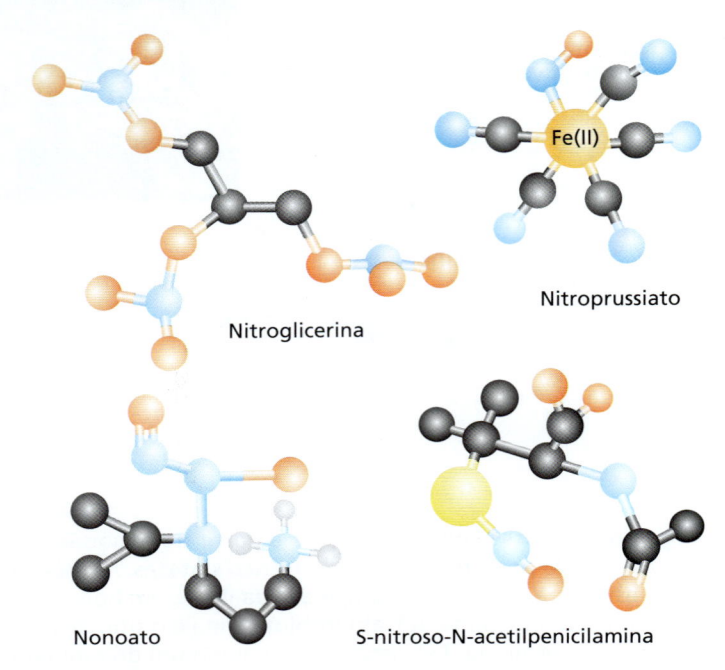

Fig. 3.8 Estruturas de alguns doadores de óxido nítrico. Com exceção do nonoato, eles dependem de metabolismo nos organismos para liberar óxido nítrico

A elucidação do mecanismo vasodilatador do óxido nítrico também resultou no mais eficaz tratamento para a impotência masculina, e isso, claro, está tendo um enorme impacto social. O primeiro medicamento colocado no mercado foi o Viagra (sildenafil), dos laboratórios Pfizer (Fig. 3.9).

O Viagra é um análogo estrutural do GMPc (Fig. 3.10). Por isso inibe a enzima que o degrada, uma fosfodiesterase (Fig. 3.5), no corpo cavernoso do pênis. As concentrações intracelulares de GMPc, como de todos os mensageiros celulares, são dadas pelas velocidades de síntese e degradação (sinais que acendem e apagam). Esse mecanismo é fundamental para adaptação das células ou organismos. Ao inibir

Fig. 3.9 Os estudos com óxido nítrico possibilitaram o desenvolvimento de um novo produto contra impotência masculina: 23 milhões de homens o utilizam. Imagem: campanha institucional Pfizer, 2006

a degradação do GMPc, o Viagra aumenta sua vida média. Como resultado, mantém o músculo do corpo cavernoso relaxado, propiciando maior afluxo sangüíneo e, conseqüentemente, ereção mais vigorosa e longa. Há sete anos no mercado, o Viagra é utilizado por 23 milhões de homens em todo o mundo, segundo a Pfizer. Mais recentemente, dois outros inibidores da fosfodiasterase foram lançados no mercado, o Cialis (tadalafil), dos laboratórios Eli Lilly, e o Levitra (vardenafil), dos laboratórios Bayer e GlacoSmith-Kline.

◎ Radicais livres e oxidantes como mensageiros celulares

A descoberta da síntese do óxido nítrico por mamíferos e de seu papel como mensageiro celular só poderia alterar profundamente os conceitos sobre as funções de radicais livres em sistemas biológicos. Na verdade, alguns pesquisadores já vinham sugerindo há anos que o peróxido de hidrogênio atua como um mensageiro celular. Mas a sugestão estava fora das idéias vigentes e era difícil de comprovar experimentalmente.

Na verdade, é mais fácil detectar e caracterizar o óxido nítrico em sistemas biológicos do que as ROS. Isso porque o óxido nítrico forma um complexo bem característico e relativamente estável com hemoproteínas (guanilato ciclase, hemoglobina etc.). De fato, o pesquisador Ignarro mostrou que o EDRF era o óxido nítrico, comparando os espectros de absorção de luz visível obtidos de hemoglobina incubada com EDRF e com óxido nítrico autêntico (Fig. 3.11). Esta é uma medida trivial em qualquer laboratório químico ou bioquímico e, de todos os experimentos do grupo de Ignarro, este foi o que recebeu destaque na divulgação de sua premiação. É interessante notar que complexos de hemo-

Fig. 3.10 Estrutura do medicamento Viagra e a do segundo mensageiro GMPc, com a similaridade estrutural ressaltada em amarelo

proteínas-Fe(II)NO são facilmente detectados por EPR no sangue e em tecidos animais acometidos por tumores ou infecções (veja no *Saiba Mais* do Cap. 2). Em 1960, esses complexos foram detectados em animais, mas também foram ignorados, sendo atribuídos à dieta e/ou ao metabolismo de compostos carcinogênicos. Isso mostra, mais uma vez, que ninguém enxerga o que não está preparado para enxergar.

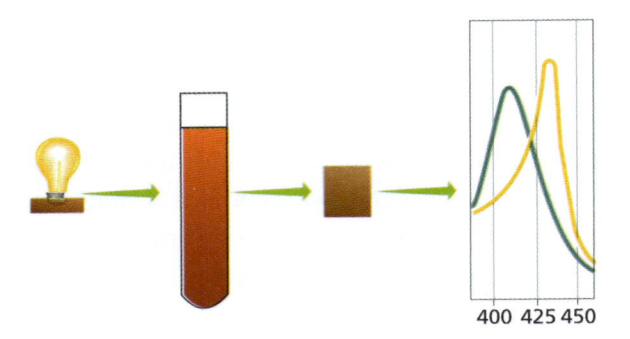

Fig. 3.11 Representação do espectro de absorção de luz visível da hemoglobina-Fe(II) (amarelo), que muda para o espectro de hemoglobina-Fe(II)NO (verde) quando a proteína é exposta tanto ao EDRF como ao óxido nítrico

Fig. 3.12 O benefício do exercício físico moderado na saúde parece um bom exemplo de resposta adaptativa ao estresse. Um pouco de estresse pode ser saudável, numa versão fisiológica da frase "tudo que não me mata me fortalece"

Embora não existam métodos tão diretos para detectar outros radicais livres e oxidantes em células e organismos, várias evidências indicam que a sinalização por espécies transientes e ativas em reações redox (sinalização redox) é bastante comum em biologia.

É interessante destacar um exemplo do nosso próprio cotidiano. Todo mundo concorda que a prática de uma atividade física regular e moderada é fundamental para a manutenção da saúde (Fig. 2.41). Todavia, mesmo o exercício físico mais prazeroso impõe um estresse ao organismo. Acentuando o trabalho muscular, o exercício físico priva o tecido de oxigênio e glicose, mas acelera a produção das chamadas ROS em outros órgãos, como o coração. Sabe-se também que o exercício físico deprime o sistema imunológico. Por isso mesmo, tudo indica que o exercício físico torna os sistemas de defesa e reparo mais eficientes, ou seja, promove uma resposta adaptativa ao estresse (hormese). A resposta adaptativa ao estresse é a versão fisiológica da famosa máxima do filósofo Nietzsche: "Tudo que não me mata me fortalece." (Fig. 3.12)

A exposição de organismos a estresse oxidativo suave – como pela adição de baixas concentrações de um oxidante, por exemplo – leva à síntese de proteínas antioxidantes e outras proteínas que protegem do insulto inicial e geralmente tornam o organismo mais resistente a insultos subseqüentes. A Fig. 3.13 demonstra os dados clássicos obtidos pelo grupo do americano Bruce Ames em 1985: um tipo de bactéria tratada com doses muito baixas de peróxido de hidrogênio fica resistente a altas doses do peróxido, desde que possa produzir proteínas. Esses pesquisadores mostram que trinta diferentes proteínas são expressas, incluindo proteínas antioxidantes (catalase, Mn-SOD, glutationa redutase, glicose-6-fosfato desidrogenase, Quadro 2.2) e proteínas de choque térmico (expressas

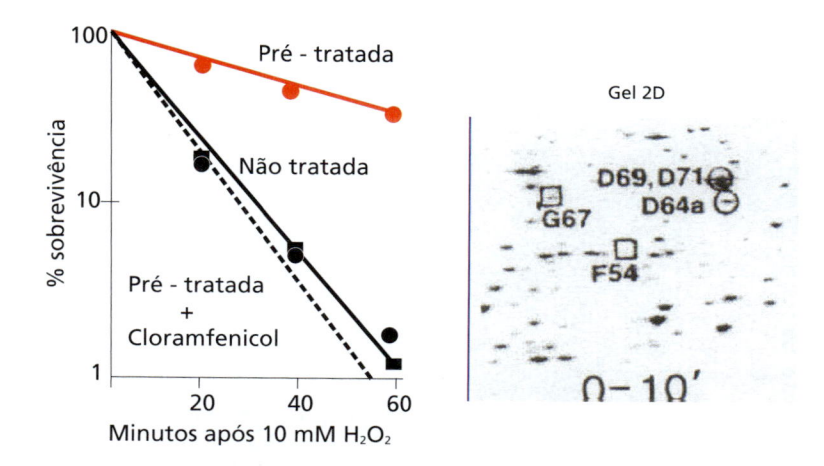

Fig. 3.13 Bactérias *S. typhymurium* pré-tratadas com baixas concentrações de peróxido de hidrogênio (60 μM) ficam muito mais resistentes ao tratamento com altas concentrações de água oxigenada (10 mM), e também a outros tipos de estresse, como aquecimento e reagentes de grupo tiol. A resistência não se observa em presença de cloranfenicol, um inibidor da síntese de proteínas, indicando que é necessário sintetizar ou aumentar a concentração de algumas proteínas. Isso foi confirmado por eletroforese em duas dimensões (gels 2D, à dir.). Fonte: *Cell*, v. 41, n. 753, 1985 (adaptado)

quando as bactérias são submetidas a um choque de temperatura).

Vale notar que as bactérias submetidas ao estresse oxidativo suave ficam resistentes a outros tipos de estresse, como choque térmico e choque de agentes que alquilam tiol proteínas como a cisteína (RSH). Esses experimentos também demonstraram que a síntese de nove das trinta proteínas era dependente de uma outra proteína (OxyR), a qual foi justamente caracterizada como um fator de transcrição (ou regulon), que controla a síntese de outras proteínas.

Experimentos similares foram realizados com outras ROS e leveduras e células de mamíferos em cultura. O tipo de resposta é o mesmo. Como é de se esperar em se tratando de diferentes organismos e células, ocorrem apenas variações em detalhes: o tempo exigido para adaptação, a participação ou não de regulons específicos e as proteínas expressas (Fig. 3.14).

> Alquilação é um processo que introduz um radical alquila, por substituição ou adição, em um composto orgânico. Os radicais alquila derivam dos hidrocarbonetos alcanos, a partir da retirada de um átomo de H de C saturado. Por exemplo: retirando-se um H do alcano metano, têm-se o radical alquila metil

> Regulon é uma proteína que participa do fenômeno de regulação que coordena a expressão de vários genes

De qualquer forma, ocorre uma adaptação. Nesta fase, são expressas proteínas envolvidas com defesa antioxidante e reparo, entre outras. Deve-se ressaltar que muitas das chamadas proteínas de choque térmico são chaperonas, proteínas que protegem outras proteínas de assumirem estruturas tridimensionais disfuncionais, "incorretas".

Exemplos mais recentes da intermediação de espécies reativas em circuitos de sinalização são fornecidos pela demonstração de que proteínas similares à Phox de neutrófilos são expressas em vários tecidos – indicando, portanto, que podem ter outras funções além da defesa. A Nox1, por exemplo, é expressa no tecido muscular dos vasos sangüíneos.

Como ela produz o ânion radical superóxido, que reage com óxido nítrico com velocidades controladas pela difusão, tem sido aplicada na regulação da bioatividade vascular do óxido nítrico. O grupo de Francisco Laurindo (Instituto do Coração da Faculdade de Medicina da USP) foi um dos primeiros a fornecer suporte experimental para essa regulação. Já o grupo de Alicia Kowaltowski (Instituto de Química da USP) tem procurado desvendar os circuitos de sinalização pelos quais breves interrupções do aporte de oxigênio molecular ao coração, chamadas de pré-condicionamento isquêmico, produzem espécies reativas e protegem o órgão de isquemias longas e outros insultos lesivos.

De qualquer forma, se oxidantes são capazes de induzir uma resposta adaptativa que leva as células e organismos a expressarem proteínas que irão protegê-los, eles estão sen-

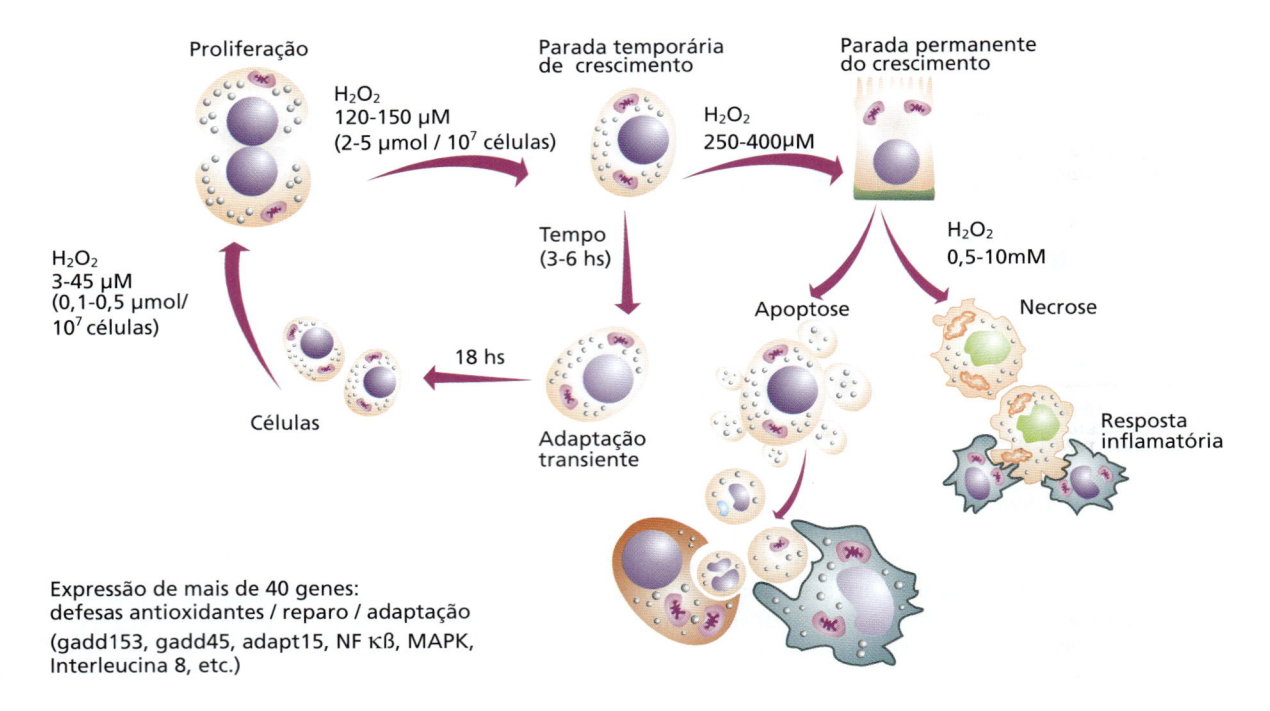

Fig. 3.14 Células de mamíferos, quando tratadas com baixíssimas concentrações de peróxido de hidrogênio, proliferam-se. Concentrações um pouco maiores levam a uma parada temporária do crescimento, para que elas se adaptem à condição de estresse, o que fazem pela expressão de vários genes – principalmente os das enzimas envolvidas com defesa antioxidante, para reparar as biomoléculas oxidadas e de proteínas de adaptação (como NF κβ, MAPK etc.). Concentrações altas de peróxido de hidrogênio causam quiescência (as células não morrem mas não proliferam), e concentrações mais altas ainda causam apoptose (morte programada) ou necrose. Uma das vantagens da morte programada é que ela não promove uma resposta inflamatória

do úteis aos organismos. Essas descobertas levaram os pesquisadores a aceitar que radicais livres e oxidantes podem ser maléficos ou benéficos, dependendo da espécie e de suas concentrações fisiológicas locais.

As espécies reativas de nitrogênio (RNS)

O próprio óxido nítrico, tão essencial, pode ser mortal. O exemplo mais contundente é sua participação na septicemia, uma resposta sistêmica a um processo infeccioso que ativa neutrófilos e monócitos, as células brancas do sangue, e macrófagos residentes em tecidos. Essa ativação inicia uma cascata de produção de vários fatores pró e antiinflamatórios e ampla síntese de óxido nítrico. Dependendo da intensidade da resposta, os efeitos vasodilatadores do óxido nítrico provocam uma intensa queda de pressão arterial, contribuindo com a falência múltipla de órgãos e morte do paciente (Fig. 3.15).

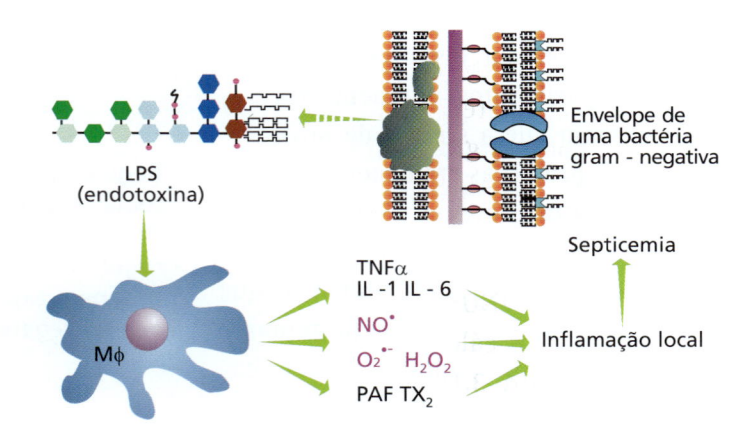

Fig. 3.15 Eventos associados à septicemia envolvem a liberação de um fator de virulência da bactéria invasora (LPS). As células do sistema imunológico liberam citocinas anti e pró-inflamatórias, e há a expressão da iNOS, que sintetiza grandes quantidades de óxido nítrico. Dependendo da intensidade da resposta pode ocorrer hipotensão massiva, falência múltipla de órgãos e morte

Existem dois caminhos principais para a biossíntese de óxido nítrico em mamíferos. O chamado caminho I é o que envolve as NOS constitutivas, neuronal e endotelial, cujas atividades são reguladas por íons de cálcio ligados à proteína calmodulina (Quadro 3.1). Em razão da regulação, essas enzimas produzem baixos níveis de óxido nítrico, estimados na faixa de nM (10^{-9} M). Nessas concentrações, o óxido nítrico reage preferencialmente com biomoléculas específicas, como o grupo heme da guanilato ciclase, e atua como mensageiro celular (Fig. 3.16). Mas em condições infecciosas e inflamatórias, e em resposta a elas, ocorre a expressão da sintase do óxido nítrico induzível (iNOS), uma enzima que não depende do complexo cálcio-calmodulina para funcionar (Fig. 3.16, Quadro 3.1). Assim que a enzima é expressa, ela sintetiza óxido nítrico continuamente, ao que parece até o esgotamento do aminoácido arginina. Este é o chamado caminho II. Nele, o óxido nítrico atinge concentrações locais da ordem de μM (10^{-6} M, Fig. 3.16). Em casos de infecção ou inflamação generalizada, é essa síntese contínua e sistêmica que levará à morte do paciente. Em casos de infecção ou inflamação localizada, as altas concentrações locais de óxido nítrico favorecerão a transformação do óxido nítrico em espécies mais reativas e citotóxicas. A citotoxicidade pode tanto ser útil ao organismo, colaborando com a eliminação de microorganismos invasores, como ser lesiva, colaborando com os danos aos tecidos típicos de situações inflamatórias.

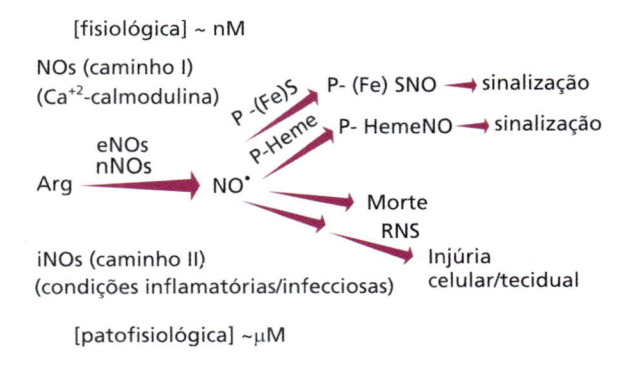

Fig. 3.16 Fontes e destinos do óxido nítrico em condições fisiológicas e fisiopatológicas

Embora alguns autores creditem citotoxicidade ao próprio óxido nítrico, as evidências acumuladas indicam que o óxido nítrico é citostático – ou seja, impede a proliferação de células e parasitas – simplesmente porque inibe uma enzima essencial para a síntese de DNA, a ribonucleotídeo redutase. Por outro lado, ele é pouco citotóxico ou oxidante em comparação a espécies dele derivadas (Fig. 3.17). Que espécies mais oxidantes podem ser formadas a partir de em altas concentrações de óxido nítrico? Uma é o dióxido de nitrogênio ($^\bullet NO_2$), o famoso poluente produzido pela reação do óxido nítrico com oxigênio molecular (Fig. 3.17). Essa é uma reação trimolecular, pois depende do choque de duas moléculas de óxido nítrico com uma molécula de oxigênio, e deve ser favorecida em altas concentrações de óxido nítrico. Também deve ser importante em ambientes hidrofóbicos, como as membranas celulares, porque ambos os gases são cerca de dez vezes mais solúveis em meio hidrofóbico do que em água. Esses ambientes também podem favorecer a produção de trióxido de dinitrogênio (N_2O_3), um agente nitrosante, que forma nitrosocompostos. O dióxido de nitrogênio é um oxidante relativamente forte e pode tanto oxidar como nitrar biomoléculas (Quadro 3.2).

Outro oxidante relativamente forte que pode ser formado a partir do óxido nítrico é o peroxinitrito, produto de sua reação com o ânion radical superóxido (Fig. 3.17). Notem que o peroxinitrito não é um radical livre. Na verdade, é o produto da terminação de dois radicais livres, mas é um oxidante muito mais forte que o óxido nítrico (Quadro 3.2). A reação entre o ânion radical superóxido e o óxido nítrico é muito rápida, pois é controlada pela difusão, como é comum em reações entre dois radicais livres. A reação deve preponderar em condições de alta síntese de óxido nítrico, porque este precisa competir com a enzima SOD pelo ânion radical superóxido (também uma reação muito rápida). Como condições inflamatórias ou infecciosas aumentam a síntese de ânion radical superóxido por ativação da Phox, a probabilidade de produção do peroxinitrito é alta.

O primeiro a propor que o peroxinitrito poderia ser formado a partir do óxido nítrico *in vivo* e participar da injúria tecidual associada a condições inflamatórias e infecciosas foi o americano Joseph Beckman, em 1991. Antes da sugestão de Beckman, havia apenas um trabalho sobre o peroxinitrito na literatura. Em meados de 2005 encontramos 6.587 trabalhos direta ou indiretamente relacionados ao peroxinitrito no banco de dados do site *Webofscience*, referência de pesquisas feitas no mundo todo. Tamanho sucesso ocorreu porque Beckman propôs em seu trabalho original que o peroxinitrito se decomporia no radical hidroxila num processo independente de íons de metais de transição. Como íons de metais de transição são pouco disponí-

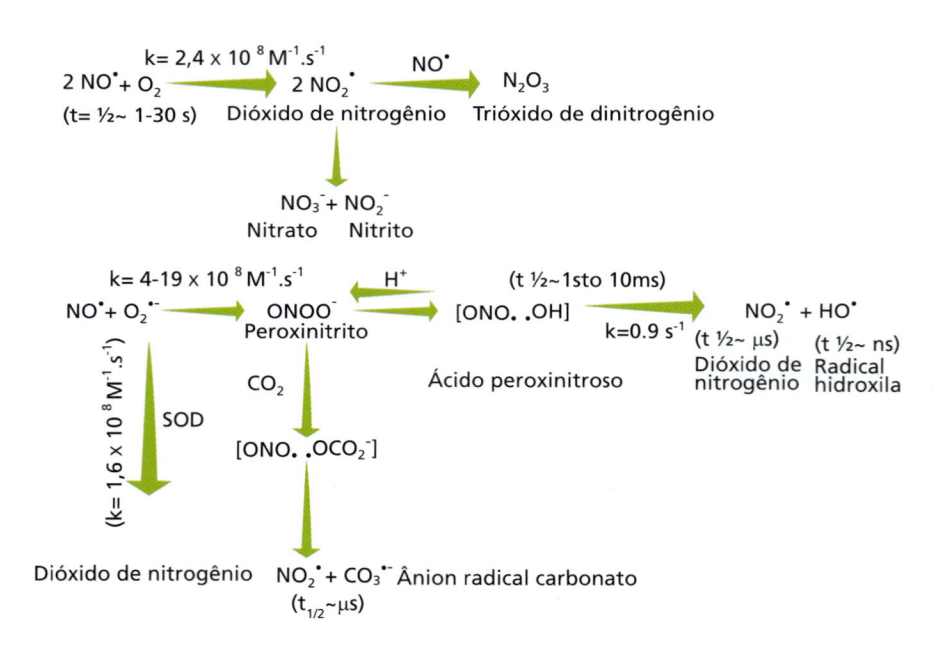

Fig. 3.17 Rotas para a produção de oxidantes derivados do óxido nítrico e seus tempos de vida estimados em condições fisiológicas

QUADRO 3.2	PODER OXIDANTE E PRINCIPAIS TIPOS DE REAÇÕES COM BIOMOLÉCULAS DO ÓXIDO NÍTRICO E OXIDANTES DELE DERIVADOS A pH 7,0	
ESPÉCIE	POTENCIAL DE REDUÇÃO ($E^{O'}$)[1] (VOLTS)	TIPOS DE REAÇÕES (PRODUTOS)
$^\bullet OH$	+ 2,30	oxidação/adição em duplas (hidroxilação)
$CO_3^{\bullet -}$	+ 1,80	oxidação
$NO_2^\bullet$	+ 0,99	oxidação/adição em duplas (nitração)[2]
$ONOO^-$	+ 0,80	oxidação/nitração via radicais derivados
$NO^\bullet$	+ 0,39	nitrosilação de grupos heme e FeS

[1] Uma espécie é tão mais oxidante quanto mais positivo for seu potencial de redução
[2] O dióxido de nitrogênio também forma nitritos de lipídios

veis na forma redox ativa, muitos pesquisadores encantaram-se com outras possibilidades além do mecanismo de Fenton (Fig. 2.23) para formar o radical hidroxila em condições fisiológicas.

Mas logo em seguida houve uma enorme controvérsia sobre a possibilidade do peroxinitrito produzir ou não radicais livres em condições fisiológicas. Por sua experiência com o EPR, nosso grupo do Instituto de Química da USP pôde, em colaboração com o grupo de Rafael Radi (Universidade de La Republica, Montevidéu, Uruguai), participar ativamente dessa controvérsia. Contribuímos para estabelecer em que condições o peroxinitrito produzia radicais livres fortemente oxidantes: o radical hidroxila, o dióxido de nitrogênio e o ânion radical carbonato (Fig. 3.17). Caracterizamos todas as espécies, principalmente o ânion radical carbonato, cuja produção nunca fora demonstrada em condições fisiológicas.

De fato, temos cooperado para a elucidação da química, bioquímica e biologia do peroxinitrito. Podemos dizer que nossa contribuição tem sido reconhecida. Porém, menos do que ocorre em relação a outros grupos – repetindo o padrão observado com Rebecca Gerschman... e esse caso não é particular. Sempre acontece em áreas competitivas, quando muita coisa acontece ao mesmo tempo, e os grupos que mais publicam e mais aparecem nem sempre reconhecem as precedências ou contribuições de outros grupos. Isso só mudará quando a América Latina aumentar sua produção e visibilidade científica.

De qualquer forma, dióxido de nitrogênio, trióxido de dinitrogênio, peroxinitrito e ânion radical carbonato passaram a fazer parte das chamadas espécies reativas a serem consideradas na Biologia e na Medicina do séc. XXI. Alguns pesquisadores referem-se a essas espécies como espécies reativas derivadas de nitrogênio (RNS), embora elas também sejam derivadas do oxigênio. Outros preferem utilizar o termo "estresse nitrosoativo", e até "estresse nitrativo", ao invés de estresse oxidativo. O fato é que esses termos não são claramente distinguíveis e existem relações entre essas espécies (Fig. 3.17, Quadro 3.2).

◉ A REATIVIDADE DAS CHAMADAS ESPÉCIES REATIVAS

Já esclarecemos que nem todas as chamadas espécies reativas reagem com a maioria das biomoléculas orgânicas. Voltemos agora a este ponto, a fim de considerarmos a visão atual sobre os papéis fisiológicos de oxidantes e radicais livres. Primeiro passo: ordenar os radicais livres de interesse biológico, segundo as constantes de velocidades de suas reações com biomoléculas (Fig. 3.18). O óxido nítrico é o menos reativo dos radicais, ao passo que o radical hidroxila fica no extremo oposto, reagindo com todas as biomoléculas e com velocidades controladas pela difusão.

É fácil prever que o radical hidroxila deve reagir muito próximo ao local de formação, causando um dano molecular, ao passo que o óxido nítrico pode se difundir por várias células antes de reagir – e, portanto, pode atuar como um mensageiro. Outras espécies pouco reativas, como a água oxigenada, também poderiam se difundir por várias células.

Já o ânion radical superóxido tende a atuar no compartimento de formação porque não atravessa facilmente membranas celulares, plasmática ou de organelas, por ser negativamente carregado. Em células cujas membranas possuem altas concentrações de canais aniônicos, como as células vermelhas do sangue, espécies negativamente carregadas como o ânion radical superóxido e o peroxinitrito penetram nas células, como já se demonstrou experimentalmente. O peroxinitrito adicionado de fora é capaz de oxidar a hemoglobina e o GSH presentes dentro das células vermelhas, por exemplo (*Saiba Mais* do Cap. 2, Fig. 4). Permeabilidade e transporte através dos vários órgãos e compartimentos celulares são sempre aspectos importantes da ação de qualquer espécie: composto, vitamina ou medicamento em organismos vivos.

Até aqui enfatizamos as reações das chamadas espécies reativas com biomoléculas orgânicas, em relação às quais a reatividade dos radicais livres varia enormemente (Fig. 3.18). Essas reações e suas constantes de velocidades ajudam a pensar sobre os principais alvos biológicos de oxidantes e radicais livres. Conhecer os principais alvos e suas concentrações permite estimar a vida média de um radical livre ou oxidante em condições fisiológicas (Fig. 2.8). Cálculos desse tipo foram usados para estimar a meia vida das várias espécies mostradas na Fig. 3.17 e são importantes para a racionalização e o desenho de experimentos.

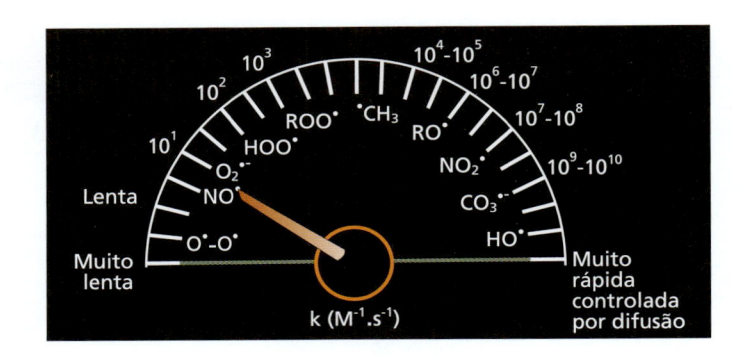

Fig. 3.18 Reatividade de diferentes radicais livres com biomoléculas orgânicas, ordenada segundo as constantes de velocidade das reações. Não inclui outros radicais livres nem moléculas com íons de metais de transição

De qualquer forma, não se pode esquecer que radicais livres podem ser gerados em ambientes específicos e que reagem extremamente rápido com outras espécies que possuam elétrons desemparelhados, ou seja, com outros radicais livres, oxigênio molecular e biomoléculas que possuem íons de metais de transição (Fig. 3.19).

Fig. 3.19 As reações de radicais livres com biomoléculas são variáveis (Fig. 3.18), mas todos reagem muito rapidamente com espécies que possuem elétrons desemparelhados

Tais propriedades provavelmente contribuíram para que alguns radicais tenham sido selecionados durante a evolução como mensageiros celulares. O caso do óxido nítrico é o mais emblemático. Ele permeia compartimentos celulares facilmente por ser pequeno e hidrofóbico. Sendo pouco reativo, reage com grupos específicos (heme, ferro-enxofre) que são comuns em proteínas envolvidas em mecanismos de transdução de sinais. E como reage com oxigênio molecular e com outros radicais livres, sua ação pode ser rapidamente desativada quando não mais necessária às células (Fig. 3.20).

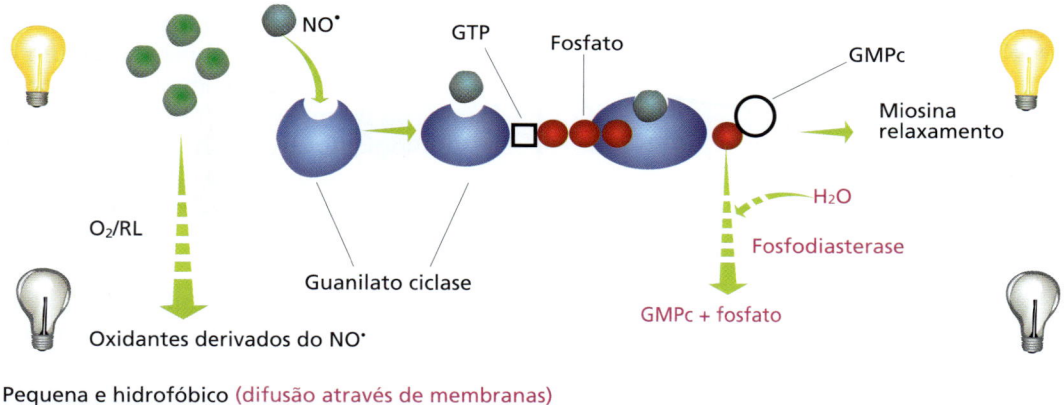

Pequena e hidrofóbico (difusão através de membranas)
Baixa reatividade como RL (meia-vida~sec)
Reação com P-heme, P-Fe-S (proteínas sinalizadoras)
Reação com oxigênio molecular e outros radicais livres (fácil "apagar" o sinal)

Fig. 3.20 Propriedades do óxido nítrico que devem ter contribuído para a sua seleção durante a evolução

A recente demonstração de que o óxido nítrico desempenha funções sinalizadoras em organismos inferiores e plantas levanta hipóteses sobre ele ser, em termos evolutivos, uma das mais antigas moléculas sinalizadoras. Especula-se que ele possa ter exercido um papel fundamental em proteger organismos primitivos da toxicidade do ozônio, cuja produção começou a aumentar a partir da produção de oxigênio pelas cianobactérias. Durante a evolução, as reações que hoje contribuem para a destruição da camada de ozônio (Fig. 1.17) teriam ajudado a proteger a vida. Nesse caso, presume-se que mutantes capazes de produzir e liberar óxido nítrico para o ambiente teriam neutralizado os efeitos deletérios do ozônio. De qualquer maneira, o óxido nítrico não precisa de transportadores ou receptores e pode ter atuado como mensageiro antes dos organismos vivos desenvolverem esses mecanismos mais elaborados de sinalização (Fig. 3.3). Em bactérias e plantas, o óxido nítrico é um intermediário de processos comuns: denitrificação (redução de nitrato a nitrito, óxido nítrico, óxido de dinitrogênio e finalmente, nitrogênio molecular) e nitrificação (oxidação de amônio a óxido de dinitrogênio, óxido nítrico, nitrito e finalmente, nitrato). Esses processos são muito diferentes da síntese de óxido nítrico a partir do aminoácido arginina, comum em mamíferos. Relações entre os dois processos podem existir e vêm sendo ativamente estudadas. No Brasil, podemos mencionar os grupos de Pio Colepicolo (Instituto de Química da USP) e Ione Salgado (Instituto de Biologia da Unicamp). Outros gases comuns nas atmosferas terrestres primordiais, como óxido de dinitrogênio e monóxido de carbono, começam a receber mais atenção como moléculas potencialmente reguladoras de processos biológicos em mamíferos.

Visão atual sobre os papéis patofisiológicos das espécies reativas

Começamos o séc. XXI com uma nova visão a respeito dos papéis dos radicais livres e de oxidantes em biologia (Fig. 3.21).

Essas espécies são formadas nos organismos vivos a partir de fontes externas e endógenas, e são derivadas principalmente do oxigênio (ROS) e nitrogênio (RNS). Existem defesas antioxidantes enzimáticas e não-enzimáticas que modulam as concentrações dessas espécies. Concentrações muito altas de algumas delas prejudicam a fisiologia porque lesam biomoléculas que, se não puderem ser reparadas pelos sistemas de reparo, causam dano celular e tecidual. Concentrações mui-

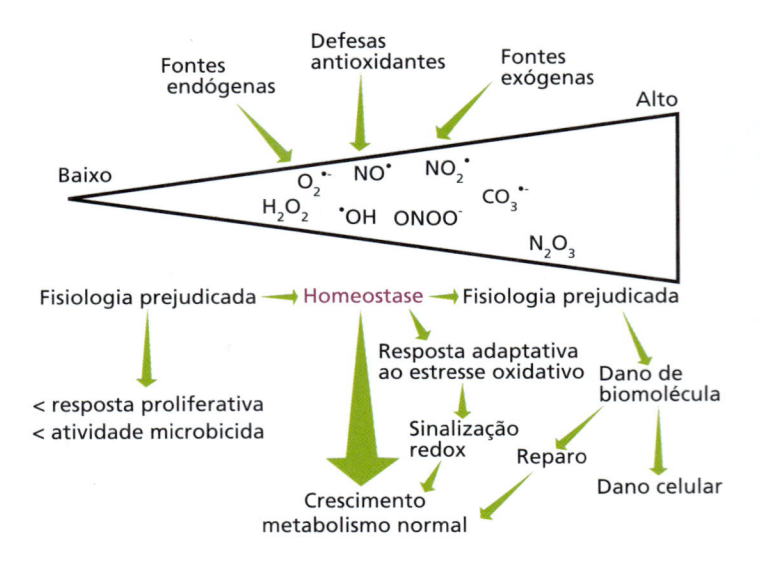

Fig. 3.21 Visão atual sobre as fontes e os papéis patofisiológicos de oxidantes e radicais livres

A homeostase (*homeo* = igual; *stasis* = ficar parado) é a estabilidade de um organismo, uma condição na qual o meio interno do corpo permanece dentro de certos limites fisiológicos. Um organismo está em homeostase quando seu meio interno (o fluido existente entre as células, chamado de líquido intersticial) contém a concentração apropriada de substâncias químicas, mantém a temperatura e a pressão adequadas. Quando a homeostase é perturbada, surge a doença. Vários fatores podem comprometer a homeostase, como o estresse, por exemplo. O estresse pode ser uma perturbação que surge devido a causas externas, como calor, frio, falta de oxigênio ou ingestão de substâncias tóxicas. Mas também pode ter causas internas, como a simples invasão de pensamentos desagradáveis ou mau-humor

to baixas das espécies reativas também são prejudiciais, porque comprometem o sistema de defesa contra microorganismos invasores e alguns processos proliferativos importantes. Em contrapartida, aumentos pequenos e transitórios das concentrações dessas espécies acionam mecanismos de sinalização redox.

Assim, a visão atual é bem mais complexa e elaborada do que a da balança desequilibrada (Fig. 2.37). Hoje sabemos que oxidantes e radicais livres intermedeiam desde circuitos de sinalização fisiológicos e patológicos até lesões a constituintes celulares. Elucidar as bases moleculares desses múltiplos processos é o desafio que enfrentamos para conseguir controlar os radicais livres em nosso benefício.

COMO CONTROLAR OS EFEITOS BONS E MAUS DOS RADICAIS LIVRES? 4

Cenas da Vida Diária 4:
O ELIXIR DA JUVENTUDE

O aventureiro espanhol Juan Ponce de León, amigo de Cristóvão Colombo, ouviu de um índio uma história que o deixou fascinado: em algum lugar daquele novo mundo havia uma fonte da juventude. Quem bebesse de suas águas milagrosas jamais envelheceria. Conta-se que o desbravador, orientado pelas indicações do índio, saiu atrás da tal fonte pela atual costa da Flórida. Procurou-a por anos a fio. E morreu com 61 anos – um forte indício de que nunca a encontrou... se tivesse se lembrado das tentativas frustradas dos alquimistas da Idade Média, talvez o espanhol não tivesse se empenhado numa aventura tão infrutífera. Será mesmo? Afinal, a promessa da eterna juventude mantém-se tão tentadora que até os dias de hoje é capaz de cativar o ser humano mais cético. Hoje, o elixir dos alquimistas apresenta-se nas formas mais variadas: vitaminas, suplementos alimentares, cremes, loções. Observe, por exemplo, os anúncios de cremes contra rugas. Repare quantos destes cosméticos garantem ter "efeito antioxidante" ou combater "os efeitos dos radicais livres"!

Existe, porém, um grupo de pessoas que não se deixa seduzir por promessas de solução fácil. São os cientistas. Como qualquer ser humano, eles também gostariam de ter músculos definidos ou uma pele lisinha aos 70 anos de idade – e, acima de tudo isso, saúde e produtividade preservadas por longos anos. Contudo, mantêm um ceticismo saudável que leva à busca de um conhecimento bem fundamentado. E, graças a muitos anos de estudos e pesquisas experimentais, estão fazendo descobertas instigantes, como a de que Ponce de León talvez tivesse razão numa coisa: o combate aos radicais livres pode estar naquilo que ingerimos. Não na água, mas nos alimentos que comemos – e, especialmente, nos que deixamos de comer. Várias pesquisas têm demonstrado que uma dieta pobre em calorias é capaz de aumentar a longevidade de várias espécies de animais,

> embora ainda haja controvérsias em relação ao efeito gerado em seres humanos.
>
> O mais importante, porém, não são as metas atingidas por esses estudos. Ainda não encontraram o endereço da "fonte da juventude", assim como não há "verdades inquestionáveis" na ciência. O que importa são os caminhos traçados que levam a um melhor conhecimento dos processos fisiológicos e dos fenômenos naturais. E trilhar esses caminhos repletos de questionamento e curiosidade pode ter um incrível efeito rejuvenescedor sobre a mente humana. Quem não perde a capacidade de se encantar diante do novo nunca envelhece de fato.

◎ Biomarcadores precoces

A maior dificuldade para estabelecer relações de causa/efeito entre radicais livres e oxidantes e homeostase celular, sinalização redox ou dano celular (Fig. 3.21) está na metodologia empregada. A maioria dos radicais livres tem vida extremamente curta em condições fisiológicas, e suas caracterizações e quantificações ainda são um desafio que exige inovações tecnológicas e experimentais (*Saiba Mais* do Cap. 2). Estas, por sua vez, requerem um conhecimento da química dos radicais livres e de suas interações com alvos celulares que dispararão cascatas de sinalização fisiológicas e patológicas. Abordagens simplistas têm sido contraprodutivas, como demonstram os resultados até aqui obtidos nos estudos clínicos de suplementação com vitaminas (Quadro 2.3).

Outra abordagem simplista que tem se revelado ineficaz é o extensivo uso de sondas fluorescentes para detectar espécies reativas em células e tecidos (Fig. 4.1). Tais sondas foram propagandeadas como específicas para diferentes espécies reativas muito antes de suas reações em condições fisiológicas estarem estabelecidas. Sabe-se que a maioria delas não é específica, mas como são fáceis de usar, têm sido empregadas com pouquíssimo critério. O resultado é uma série de trabalhos contraditórios que provocam muita confusão na área. Aqueles que realmente pretendam contribuir para controlar os efeitos bons e maus dos radicais livres devem considerar que enfrentar os desafios da área requer algum conhecimento de química.

Um grande desafio continua sendo a busca de biomarcadores do estado redox celular. Atualmente, danos oxidativos (nitrosoativos) em animais

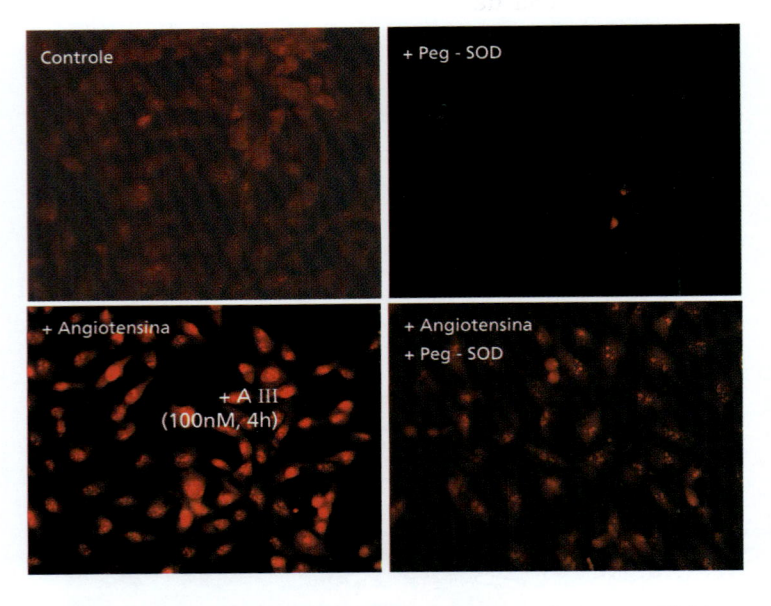

Fig. 4.1 Detecção intracelular de espécies reativas com dihidroetidina. A figura mostra imagens de fluorescência de células musculares da aorta de coelho controle e tratadas com um gerador de ânion radical superóxido (a angiotensina) e um supressor de ânion radical superóxido (a enzima SOD conjugada a um polímero (Peg) que permite sua entrada nas células. Todavia, a dihidroetidina forma produtos fluorescentes quando exposta à luz e a diferentes ROS e RNS. Assim, medidas exclusivas de fluorescência não podem ser utilizadas para quantificar o ânion radical superóxido (resultado obtido pelo laboratório de Francisco Laurindo do InCor da Faculdade de Medicina da USP)

> Sondas fluorescentes são compostos químicos que ficam fluorescentes quando sofrem reação química, servindo assim como marcadores

experimentais e humanos em condições normais, bem como sua amplificação em várias patologias, já são bem conhecidas. Metodologias sensíveis, baseadas principalmente em técnicas cromatográficas e espectroscopia de massa (Fig. 4.2) são continuamente aprimoradas para detectar e quantificar produtos de reações de radicais livres e oxidantes com biomoléculas (biomarcadores) em tecidos e fluidos biológicos. Os possíveis produtos de oxidações *ex-vivo* – que surgem por causa da aeração e liberação de íons de metais de transição seqüestrados em tecidos durante a manipulação de amostras biológicas – estão sendo mais controlados.

No cômputo geral, as evidências para a ocorrência de dano oxidativo a DNA, lipídios e proteínas em nossos organismos são consideráveis (Quadro 4.1).

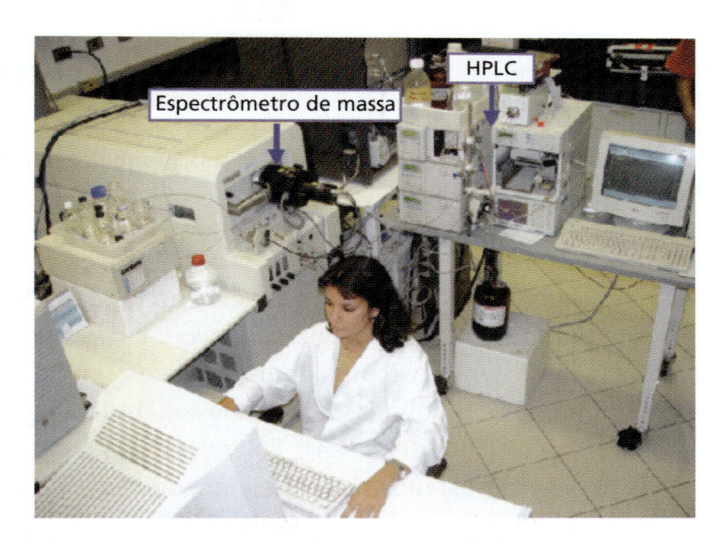

"OK - QUEM COLOCOU O MEU ALMOÇO NO ESPETRÔMETRO DE MASSA...?"

Todavia, os biomarcadores disponíveis até o momento não se mostraram adequados para estabelecer se o aumento do dano oxidativo é causa ou conseqüência das situações em que foi avaliado. Ainda é preciso buscar biomarcadores precoces, que indiquem a transição das células da homeostase para a patologia (Fig. 3.21). Também permanece necessário encontrar biomarcadores mais confiáveis e menos dependentes de tecnologias sofisticadas e caras para acompanhar estudos clínicos. A busca de biomarcadores do estado redox celular continuará ativa nos próximos anos e é importante ressaltar algumas tendências.

Novos marcadores de oxidação, nitração, nitrosação e alquilação de biomoléculas vêm sendo caracterizados em conseqüência de avanços em técnicas analíticas e espectros-

Fig. 4.2 Espectrômetro de massa acoplado ao cromatógrafo do laboratório de Paolo di Mascio

QUADRO 4.1 EVIDÊNCIAS PARA A OCORRÊNCIA DE DANO OXIDATIVO NO ORGANISMO HUMANO	
ALVO	EVIDÊNCIA
DNA	Baixos níveis de bases oxidadas estão presentes em DNA isolado de células humanas. Bases oxidadas também estão presentes na urina
Proteínas	Baixos níveis de compostos carbonílicos e produtos de hidroxilação de fenilalanina têm sido detectado em humanos saudáveis. Nitrotirosina também foi detectada em fluidos biológicos de humanos saudáveis, e em maiores quantidades em arteromas e urina de pacientes com doenças inflamatórias
Lipídios	Peroxidação de lipídios é detectada em arteromas. F2-isoprostanos são detectados na urina de humanos normais, e os níveis aumentam em Alzheimer, fibrose cística etc.

copia de massa. Até meados da década de 1980, processos carcinogênicos eram exclusivamente relacionados à formação de lesões do DNA por agentes alquilantes de origem exógena, pois esses eram os únicos produtos de DNA (adutos) que podiam ser detectados e quantificados em células e animais experimentais. Com o aprimoramento das tecnologias, os pesquisadores foram descobrindo que compostos endógenos produziam diferentes lesões no DNA: desde a oxidação de suas bases (Fig. 2.6; Quadro 4.1) até a formação de diferentes adutos. Dentre esses, adutos de DNA com aldeídos resultantes da peroxidação lipídica das membranas celulares, como 2,4-decadienal e 4-hidroxi-2-nonenal, têm recebido muita atenção como potenciais biomarcadores de dano oxidativo e possíveis contribuintes a processos deletérios carcinogênicos (Fig. 4.3). Esses adutos, cuja produção *ex-vivo* é menos provável do que a simples oxidação das bases de DNA, seriam biomarcadores adequados do estado redox celular? A questão será respondida no futuro, e é importante ressaltar que os pesquisadores Marisa Medeiros e Paolo Di Mascio têm apresentado contribuições relevantes para a caracterização, detecção e compreensão dos papéis biológicos de lesões nas bases de DNA por produtos de peroxidação lipídica e por oxigênio singlete.

Os próprios produtos dos processos de peroxidação lipídica (como hidroperóxidos e aldeídos, Fig. 2.4) que foram tradicionalmente utilizados como indicadores de processos oxidativos vêm sendo menos utilizados atualmente devido a suas reações com DNA e proteínas *in vivo*. Biomarcadores lipídicos propostos recentemente para uso em humanos são os níveis de F2-isoprostanos presentes na urina e quantificados por cromatografia gasosa e espectrometria de massa. Esses seriam produtos exclusivos da peroxidação do ácido araquidônico por espécies reativas, não enzi-

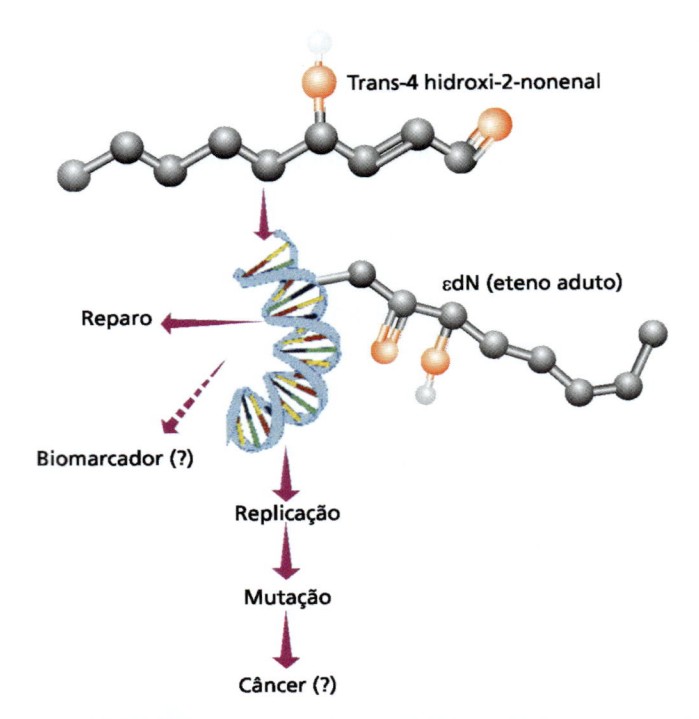

Fig. 4.3 Exemplos de adutos – no caso, eteno adutos – de bases do DNA com aldeídos produzidos durante o processo de peroxidação lipídica. Eles vêm recebendo atenção por serem possíveis contribuintes a processos carcinogênicos e biomarcadores de estresse oxidativo

máticas. Contudo, esse ponto permanece controverso. A diferença é importante porque o ácido araquidônico sofre várias peroxidações enzimáticas *in vivo* para produzir importantes sinalizadores lipídicos, como prostaglandinas (envolvidas em respostas inflamatórias) e leucotrienos (Fig. 4.4). Foi relatado que os níveis de F2-isoprostanos na urina aumentam com a idade e, também, com algumas patologias como doença de Alzheimer, fibrose cística, diabetes e cirrose hepática. No entanto, a formação desses compostos *ex-vivo* na urina ocorre, e esse seria um complicador para a ampla utilização da metodologia em análises clínicas.

Mais recentemente, os produtos das reações de lipídios com as chamadas RNS *in vivo* começaram a ser caracterizados. O grupo de Dulcinéia Abdalla, da Faculdade de Ciências Farmacêuticas da USP, demonstrou a presença de nitrolinoleato (Fig. 4.5) e nitro colesteril linoleato em plasma humano, bem como a capacidade desses compostos liberarem óxido nítrico. Ao final de 2004, o grupo do americano Bruce

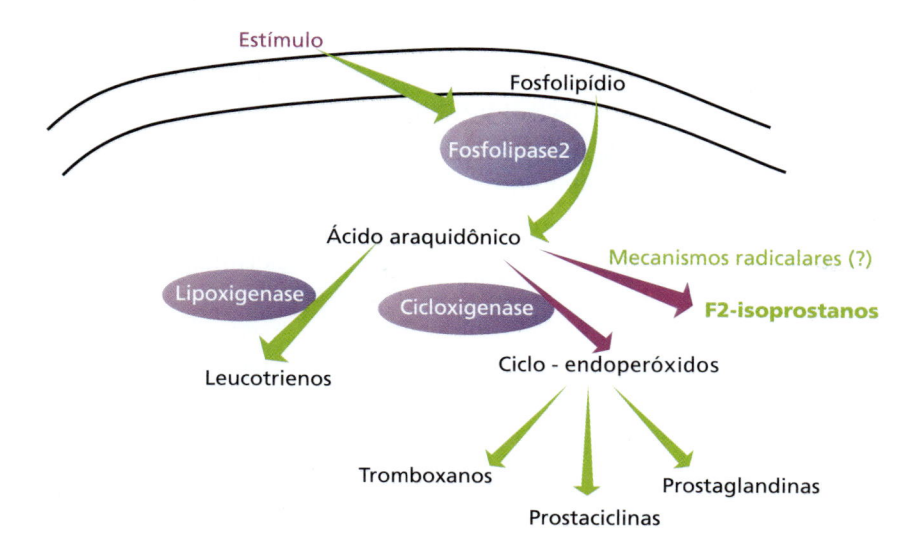

Fig. 4.4 O ácido araquidônico é um ácido graxo poliinsaturado com vinte átomos de carbono. É um dos constituintes dos fosfolipídios das membranas celulares e o precursor de vários mediadores lipídicos extremamente importantes, os chamados ecosanóides. Eles atuam próximos aos sítios onde são sintetizados e possuem várias ações biológicas, a maioria delas relacionadas à inflamação. A síntese dos ecosanóides começa com um estímulo (físico, mecânico, químico) às células, que leva à ativação da fosfolipase A2. Essa enzima libera o ácido araquidônico dos lipídios das membranas, e o ácido é então transformado por outras enzimas para gerar leucotrienos, tromboxanos, prostaglandinas e prostaciclinas. Já os F2-isoprostanos parecem ser produzidos por oxidação do ácido araquidônico mediada por radicais livres e, por isso, vêm sendo avaliados como biomarcadores de dano oxidativo

Freeman desenvolveu metodologias criteriosas e sensíveis baseadas em espectroscopia de massa para quantificar nitrolinoleato em amostras de plasma e membranas de células vermelhas de humanos. Com esses estudos, eles demonstraram que processos oxidativos e nitrantes basais ocorrem em humanos saudáveis numa extensão suficiente para promover considerável nitração de lipídios de membranas e de lipoproteínas. A maior solubilidade do óxido nítrico e do dióxido de nitrogênio em fases hidrofóbicas deve ser determinante para que os níveis de nitrolinoleato em lipoproteínas sejam bem maiores do que outros conhecidos produtos biológicos do óxido nítrico (Quadro 4.1).

A importância de mediadores lipídicos regulando vários processos fisiológicos como inflamação, cres-

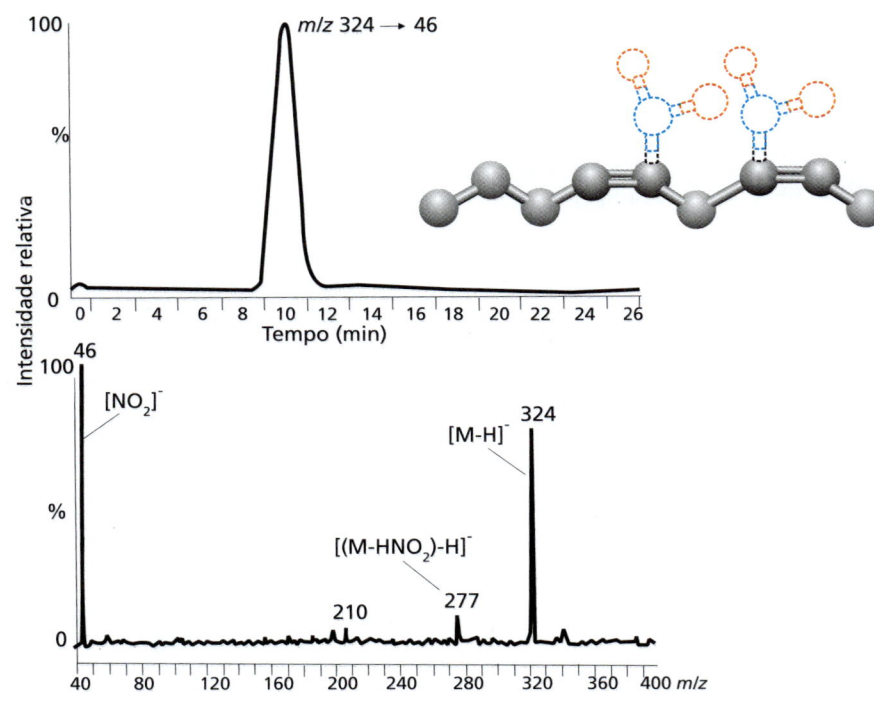

Fig. 4.5 Detecção e caracterização de nitrolinoleato em plasma de humanos por cromatografia líquida acoplada a espectroscopia de massa. (A) Cromatograma representativo monitorando a transição 324-46 (perda de nitrito). (B) Espectro de massa dos produtos de massa/carga (m/z) 324 que caracterizam o nitrolinoleato, mas não determinam a posição do grupo nitro. Fonte: *Biochemistry*, v. 41, n. 10717, 2002 (adaptado)

cimento e diferenciação celular está estimulando vários pesquisadores a examinarem as propriedades sinalizadoras de nitro lipídios. Eles podem ser um elo que conecta a oxidação de biomoléculas à sinalização redox.

Também relativamente recente é o uso de produtos de oxidação de proteínas como biomarcadores de estresse oxidativo. Embora sejam as biomoléculas mais abundantes, as proteínas têm estruturas mais complexas, menos repetitivas, do que ácidos nucléicos e lipídios. Os produtos de oxidação são vários porque dependem não só dos diferentes aminoácidos, mas também de seus ambientes na estrutura tridimensional da proteína que afeta suas propensões a oxidações e suas acessibilidade aos oxidantes. Além disso, elétrons podem ser transferidos de um aminoácido a outro no interior da proteína e o estudo desses processos está apenas começando. De qualquer forma, biomarcadores de espécies reativas de origem protéica mostraram as primeiras perspectivas sólidas de aplicação clínica. Da mesma forma, a oxidação de resíduos de cisteína em proteínas é uma das poucas conexões bem estabelecidas entre oxidação e sinalização celular.

Produtos de oxidação de proteínas que têm sido muito utilizados como biomarcadores de processos oxidativos são compostos carbonílicos resultantes da oxidação de aminoácidos, com tendência a quelar íons de metais de transição como resíduos de lisina (Fig. 4.6). O uso extensivo desses produtos como biomarcadores é conseqüência do desenvolvimento de um anticorpo que reconhece o produto entre resíduos carbonílicos ligados a proteínas (P-carbonila) e dinitrofenil hidrazina, propiciando sua detecção bastante sensível.

Um outro anticorpo muito popular para detectar danos protéicos é o anticorpo que permite reconhecer

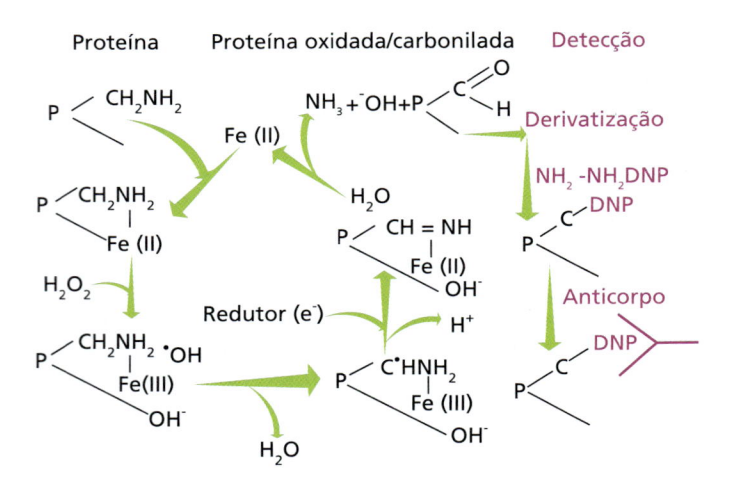

Fig. 4.6 Oxidação de proteínas a produtos carbonílicos e sua detecção. O processo ocorre ante um aumento da disponibilidade de íons de metais de transição e oxidantes. Resíduos protéicos quelam o metal de transição, que é reduzido por redutores biológicos, às vezes os próprios aminoácidos da proteína. Ocorrendo a produção de oxidantes, como peróxido de hidrogênio, uma reação de Fenton localizada no resíduo de aminoácido quelante o oxida a resíduo carbonílico. Este é transformado num produto mais fácil de detectar (derivatização com 2,4-dintrofenil hidrazina (DNP)). Em seguida, pode-se utilizar um anticorpo que reconhece a modificação e permite sua detecção sensível por técnicas imunológicas

TAB. 4.1 COMPARAÇÃO DOS PRODUTOS BIOLÓGICOS DE OXIDANTES DERIVADOS DO ÓXIDO NÍTRICO NO SANGUE DE HUMANOS SAUDÁVEIS[1]

PRODUTO DO ÓXIDO NÍTRICO	COMPARTIMENTO	CONCENTRAÇÃO (nM)
Nitrito	plasma	205 ± 21
Nitrosotiol	plasma	7,2 ± 1,1
Nitrotirosina	plasma	0,7 ± 0,3
Nitrolinoleato (livre e esterificado)	plasma	630 ± 240
Nitrosilhemoglobina	sangue	< 50
Nitrosohemoglobina	sangue	0-150
Nitrolinoleato (livre e esterificado)	sangue	249 ± 104

1 Fonte: *Proceedings of National Academy of Science*, v. 101, n. 11577, 2004 (adaptado)

P-3-nitrotirosina (Fig. 4.7). Esses resíduos são importantes biomarcadores de oxidantes derivados do óxido nítrico, como dióxido de nitrogênio e peroxinitrito. Um sistema enzimático bastante eficiente para nitrar resíduos de tirosina em proteínas é a atividade peroxidásica de hemoproteínas, principalmente da mieloperoxidase, abundante em neutrófilos. As enzimas oxidam nitrito a dióxido de nitrogênio, e resíduos de tirosina ao radical tirosila. A recombinação desses radicais produz 3-nitrotirosina (Fig. 4.8).

Foi justamente a quantificação dos níveis de 3-nitrotirosina em plasma humano que forneceu a primeira perspectiva de aplicação de um biomarcador de dano oxidativo/nitrosoativo em clínica. Ao contrário de nitrolipídios, 3-nitrotirosina é bastante estável e não é produzida *ex-vivo*, se cuidados são tomados para evitar a formação de óxido nítrico (que ocorre a partir de nitrito em meio ácido). O potencial de aplicação clínica não vem do uso do anticorpo anti-nitrotirosina, pois metodologias baseadas em anticorpos ainda precisam ser trabalhadas e comparadas com quantificações por espectrometria de massa para distinguir as pequenas diferenças relatadas em humanos. A grande vantagem da espectrometria de massa é que se pode aliar sensibilidade a padrões internos – 3-nitrotirosina e tirosina

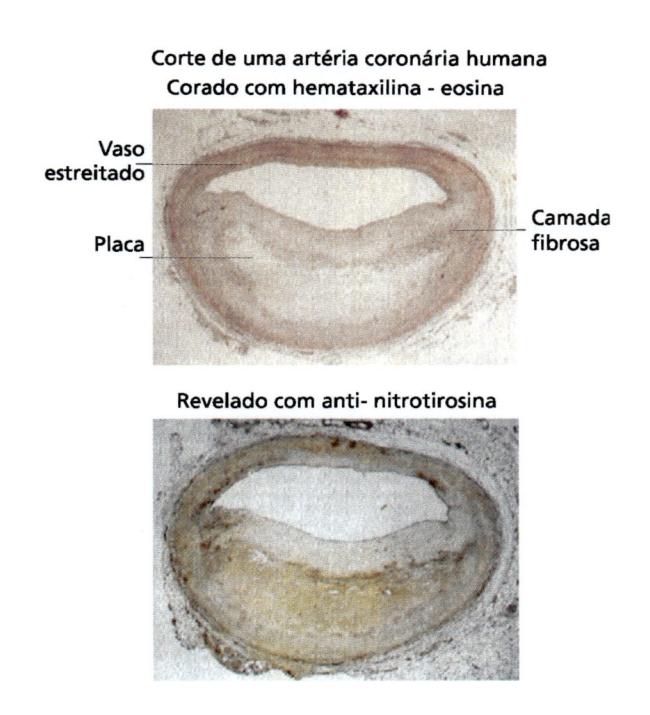

Fig. 4.7 Proteínas nitradas são consideradas biomarcadores de oxidantes derivados do óxido nítrico. Foram detectadas inicialmente por Joe Beckman (criador do anticorpo anti-nitrotirosina) ao redor da placa numa artéria coronária humana com lesão ateroesclerótica (de coloração marrom). Fonte: *Biological Chemistry Hoppe-Seyler*, v. 375, n. 81, 1994 (adaptado)

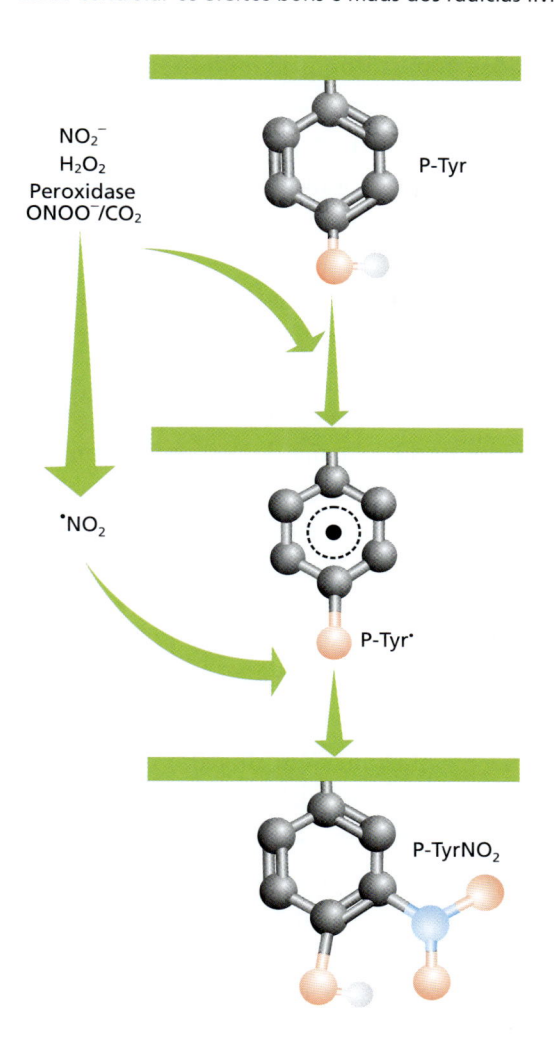

Fig. 4.8 Mecanismos para a produção de proteínas nitradas (P-TyrNO$_2$) por oxidantes derivados do óxido nítrico. Os mecanismos mais eficientes parecem ser os que produzem radicais tirosila de proteínas (P-Tyr$^\bullet$) em paralelo com dióxido de nitrogênio (NO$_2^\bullet$), como peroxinitrito/dióxido de carbono e a atividade peroxidásica de hemoproteínas

marcadas com isótopos não abundantes como ^{13}C e ^{15}N. Esses padrões, sendo distinguíveis dos isótopos naturais pelo espectrômetro de massa, permitem quantificação adequada e controle de artefatos, ou seja, das oxidações *ex-vivo*.

Com todos esses cuidados, o grupo do norte-americano Stanley Hazen, da Cleveland Clinic Foundation, mostrou em 2003 uma associação entre níveis mais elevados de 3-nitrotirosina no plasma de pacientes com doenças cardiovasculares (9,0 micromol/mol de tirosina) do que em humanos saudáveis (5,2 micromol/mol de tirosina). E mais: o grupo demonstrou que pacientes em tratamento com uma estatina, substância inibidora de uma enzima da síntese de colesterol, mostravam uma redução de 25% nos níveis de nitrotirosina no plasma. Sem dúvida, esse trabalho tornou-se emblemático por associar uma alteração molecular oxidativa a uma doença humana e seu tratamento. Ele foi publicado no *Journal of American Medical Association* e coloca os padrões a serem perseguidos daqui em diante, inclusive em futuros estudos de suplementação com vitaminas.

A tirosina é apenas um dos vinte aminoácidos que constituem as proteínas e é alvo preferencial de espécies reativas. Também muito suscetíveis são metionina, cisteína, fenilalanina e triptofano (Fig. 4.9). Produtos de hidroxilação da fenilalanina já foram utilizados como biomarcadores da formação de radical hidroxila em humanos, ao passo que produtos de nitração e oxidação do triptofano começaram a receber atenção só muito recentemente e precisam ser mais estudados. Por sua vez, a fácil oxidação da metionina a metionina sulfóxido deve ser um evento muito comum *in vivo*: além de produtos de oxidação de cisteínas, a metionina sulfóxido é o único produto de proteínas oxidadas que conta com sistemas de reparo já descri-

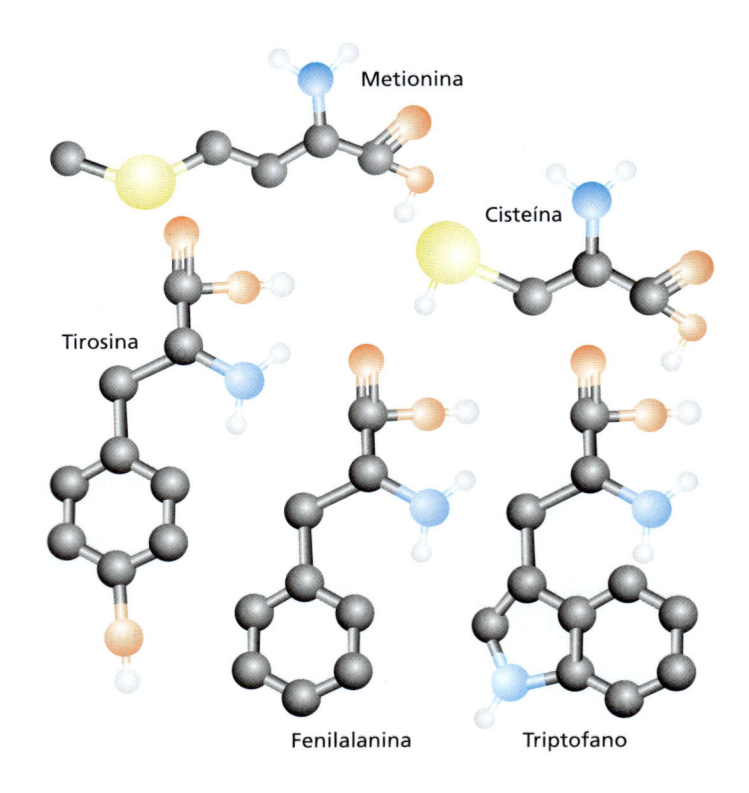

Fig. 4.9 Os aminoácidos constituintes das proteínas facilmente oxidáveis: metionina, cisteína, tirosina, fenilalanina e triptofano

tos, as enzimas metionina sulfóxido redutases. Camundongos transgênicos que não expressam uma dessas enzimas de reparo têm seu tempo máximo de vida reduzido a 40%, o que demonstra que reparar metioninas oxidadas é essencial à longevidade. Além de viver menos, os camundongos transgênicos apresentam disfunção do cerebelo, pois aos 6 meses de idade começam a andar na ponta das patas (Fig. 4.10).

Oxidações de resíduos de outros aminoácidos além da cisteína e metionina não são, até o momento, reconhecidamente reparáveis por enzimas. Na maioria dos casos, quando são significativamente alteradas, essas proteínas são "encaminhadas" ao desmonte: a proteólise (quebra das ligações peptídicas) aos aminoácidos constituintes, via proteossoma (Fig. 4.11). A conexão entre proteossoma, oxidação/nitração/agregação de proteínas e processos patológicos também será muito explorada no futuro. De fato, a formação

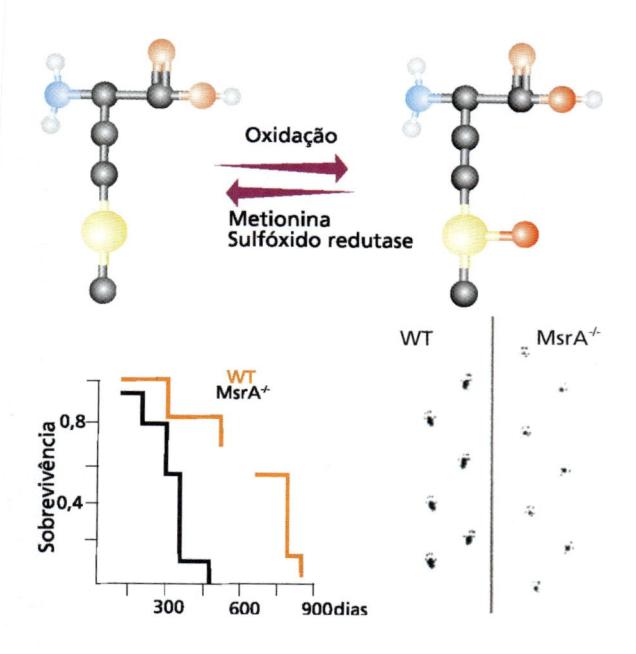

Fig. 4.10 Camundongos transgênicos que não expressam uma das metionina sulfóxido redutases vivem menos e têm anomalia no cerebelo, como indicado pelo andar nas pontas das patas. Fonte: *Proceedings of National Academy of Science*, v. 98, n. 12.920, 2001 (adaptado)

de agregados protéicos ocorre em todas as doenças neurodegenerativas, embora as proteínas agregadas e os neurônios afetados variem de acordo com as diferentes doenças.

◎ Sinalizadores redox

Além da nitrosilação e conseqüente ativação da guanilato ciclase (Fig. 3.5), a oxidação de tiol proteínas é a única conexão estabelecida entre oxidação de biomoléculas e sinalização celular. Por definição, essas proteínas têm pelo menos um resíduo de cisteína conservado e reativo, em oxidações e/ou outros processos. A reatividade é conferida pelo ambiente protéico, em geral aminoácidos vizinhos positivamente carregados que diminuem o pKa do resíduo de cisteína "reativo" (Fig. 4.12). O pKa é o pH no qual a concentração da forma ácida e da forma básica de uma substância são iguais. No caso, o pKa do aminoácido cisteína é 8,4, mas nas tiol proteínas o valor cai para abaixo de 6,0, e isso faz com que os resíduos estejam desprotonados a pHs fisiológicos. Ou seja, estão como tiolatos, que são melhores agentes nucleofílicos (cuja tendência é atacar mais facilmente moléculas deficientes em elétrons e mais facilmente oxidados e nitrosados (Fig. 4.12).

Várias proteínas envolvidas em caminhos de sinalização de resposta a estresse (oxidativo e outros estresses) possuem resíduos de cisteína reativos como o fator de trans-

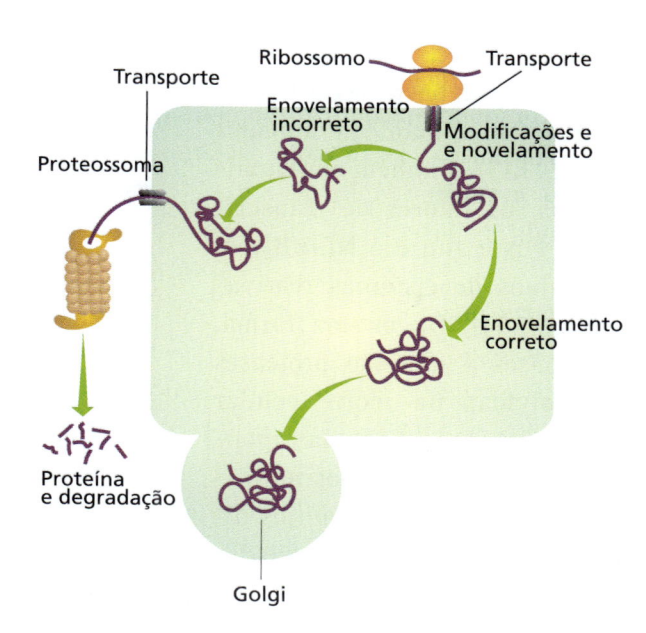

Fig. 4.11 Representação da síntese e do enovelamento de proteínas no retículo endoplasmático. As proteínas que não assumem a estrutura correta são encaminhadas para o complexo multiprotéico denominado proteossoma, onde são degradadas a peptídeos menores – que, subseqüentemente, serão hidrolisados aos aminoácidos constituintes. Proteínas oxidadas também são degradadas via proteossoma

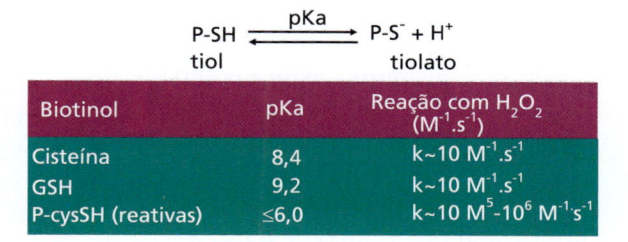

$$P\text{-}SH \underset{}{\overset{pKa}{\rightleftharpoons}} P\text{-}S^- + H^+$$
tiol $\qquad$ tiolato

Biotinol	pKa	Reação com H_2O_2 ($M^{-1}.s^{-1}$)
Cisteína	8,4	$k \sim 10\ M^{-1}.s^{-1}$
GSH	9,2	$k \sim 10\ M^{-1}.s^{-1}$
P-cysSH (reativas)	≤6,0	$k \sim 10^5\text{-}10^6\ M^{-1}.s^{-1}$

Fig. 4.12 O ambiente protéico altera o pKa do grupo tiol do aminoácido cisteína. Isolado, ele tem pKa de 8,4, mas em peptídeos e proteínas seu pKa varia muito: de 9,2 no glutation a menor que 6,0 em tiol-proteínas reativas

crição OxyR. Este controla a resposta de bactérias a baixos níveis de oxidantes e ao calor (Fig. 3.13). Também em mamíferos, os fatores de transcrição Fos e Jun e o NF-κB têm resíduos de cisteínas reativas (Fig. 3.14). Da mesma forma, caspases – que são proteases envolvidas na morte celular programada, chamada apoptose – e algumas tirosina fosfatases – que controlam os níveis de proteínas fosforiladas e, portanto, vias de sinalização – têm cisteínas reativas.

Os resíduos de cisteína têm vários estados de oxidação, e alguns podem ser reparados *in vivo*, como proteína-cisteinila, (P-cysS•), proteína-nitrosocisteína (P-cysSNO), proteína ácido sulfínico (P-cysSOH) e dissulfeto, que pode ser protéico ou misto com o antioxidante glutationa (P-cysS-ScysP ou P-cys-S-SG). Os outros possíveis estados de oxidação são considerados irreversíveis, como proteína ácido sulfínico (P-cysSO$_2$H) e sulfônico (P-cysSO$_3$H, Fig. 4.13). O possível reparo de P-cysSO$_2$H foi descrito recentemente, mas permanece controverso. De qualquer forma, resíduos de proteína-cisteína reativos poderiam se revelar os marcadores moleculares que indicariam a transição de estresse oxidativo sinalizador (reversível) para estresse oxidativo injurioso, quando ocorre o dano irreversível a biomoléculas (Fig. 3.21). Além disso, esses resíduos são alvos tanto das chamadas ROS quanto das RNS – e, assim, interligam estresse oxidativo com estresse nitrosoativo.

Pode-se prever um interesse cada vez maior nas tiol proteínas, em suas estruturas e em como elas influenciam a estabilidade dos possíveis estados de oxidação, sistemas de reparo e funções patofisiológicas. No Brasil, o pesquisador que mais tem contribuído nessa área é Luís Netto, do Instituto de Biociências da USP. Por outro lado, o pesquisador Hugo Monteiro, do Departamento de Bioquímica da Unifesp, tem apresentado importantes contribuições para a compreensão das vias de sinalização envolvendo óxido nítrico e oxidantes dele derivados.

◉ Os "omas" e o redoxoma

Os projetos "omas" – genoma, transcriptoma e proteoma – foram eleitos o caminho que deve ser trilhado pela Biologia do séc. XXI. De fato, essas abordagens *high throughput* associadas à bioinformática propiciam uma abordagem dos organismos vivos como sistemas, em contraposição à abordagem reducionista que prevaleceu no séc. XX.

Embora alguns pesquisadores situem uma abordagem em contraposição à outra, na verdade elas se complementam. Combinadas, muito contribuirão com o avanço do conhecimento sobre os organismos vivos. Para racionalizar o enorme

---

As células podem morrer por dois processos: necrose ou apoptose. Algumas vezes, apoptose é denominada morte celular programada. A necrose é a morte que ocorre por um dano celular acidental e inesperado, que pode ser provocado por inúmeros eventos físicos ou químicos, como toxinas, radiação, calor, trauma, falta de oxigênio etc. A apoptose é uma morte celular não traumática, um meio de remoção de células indesejáveis. Ao contrário da necrose, os conteúdos celulares não são liberados e não ocorre inflamação durante a apoptose: as células são rapidamente absorvidas pelas células vizinhas e removidas. A morte celular programada é um processo de renovação celular normal e necessário

---

Genoma é o conjunto de todos os genes de um organismo. Transcriptoma é o conjunto das seqüências de moléculas de RNA, que é o intermediário usado pela célula para sintetizar proteínas a partir das seqüências de DNA. Ou seja, na prática, são todos os genes efetivamente usados (transcritos ou lidos) pelas células do organismo humano. Proteoma é o conjunto de todas as proteínas codificadas pelo genoma

---

High throughput pode ser traduzido como "processamento rápido". A informática facilita o processamento de grandes volumes de dados em alta escala, em contraposição à abordagem reducionista. Mais tradicional, ela "reduz" o seu foco de atenção a apenas um objeto de análise. Parte-se do específico para chegar ao todo

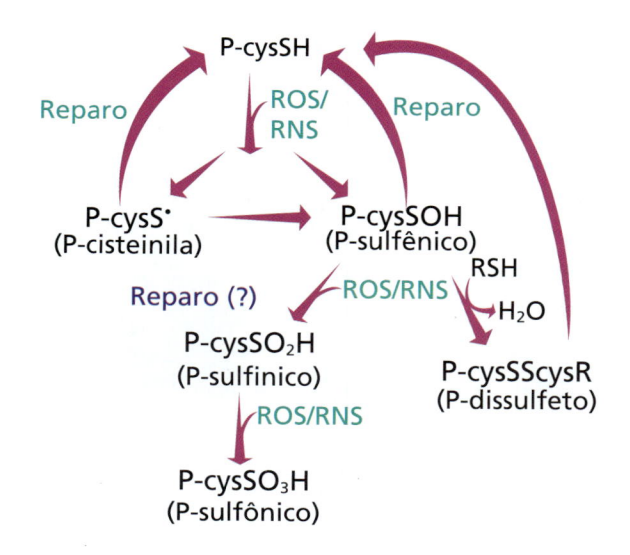

Fig. 4.13 Produtos de oxidação e reparo de tiol-proteínas de baixo pKa envolvidas em caminhos de sinalização de resposta a estresse oxidativo

volume de informações obtidas em projetos "omas", precisa-se de pontos de ancoragem fornecidos pela abordagem reducionista, a qual elucida as estruturas tridimensionais das biomoléculas e as relaciona com suas funções. Tal método também permite examinar os detalhes moleculares dos processos vitais e da obtenção de energia útil dos nutrientes à reprodução, passando pelos mecanismos de sinalização. Por outro lado, para compreender como todos esses processos "conversam entre si", as abordagens integrativas serão essenciais.

Assim, podemos nos referir a redoxoma – termo sugerido por Alícia Kowaltowski para o Projeto Milênio, que desenvolveremos com o apoio do CNPq – como o uso de abordagens *high throughput* para estudar os múltiplos papéis de radicais livres e oxidantes em biologia. Esses estudos estão começando e têm incluído abordagens de proteoma e transcriptoma.

A primeira abordagem possibilita determinar quais proteínas são preferencialmente oxidadas em determinada situação experimental ou clínica. As proteínas são extraídas de células ou tecidos e separadas em um gel. Para detectar as proteínas preferencialmente oxidadas, pode-se utilizar um anticorpo que as reconheça. As proteínas marcadas são pescadas do gel – em geral por um robô – e submetidas à proteólise enzimática – em geral por tripsina. Os peptídeos resultantes são seqüenciados num espectrômetro de massa para identificação da proteína, após comparação dos peptídeos resultantes de sua proteólise com aqueles disponíveis em bancos de dados (proteólise *in silico*). A Fig. 4.14 compara proteínas carboniladas de duas amostras de autópsia: do cérebro de um paciente normal e de um com doença de Alzheimer e um normal. Os resultados mostraram que a doença de Alzheimer leva a uma preferencial carbonilação de proteínas estruturais e de proteínas envolvidas com o metabolismo energético e com a ação do neurotransmissor glutamato. Mas os estudos ainda são incipientes. Em contrapartida, tem sido recorrente a constatação de que proteínas envolvidas com metabolismo energético estão alteradas em doenças neurodegenerativas como Alzheimer. Essas alterações também ocorrem em situações inflamatórias, como aquela

> Em 1906, ao fazer uma autópsia, o médico alemão Alois Alzheimer (1864-1915) descobriu no cérebro do morto lesões nunca antes descritas. Os neurônios apareciam atrofiados em vários lugares do cérebro, e cheios de placas estranhas e fibras retorcidas, enroscadas umas nas outras. Esse tipo de degeneração nos neurônios ficou conhecido como placas senis, característica fundamental da doença de Alzheimer. A atrofia neuronal é progressiva: de uma leve perda de memória a princípio acaba por afetar várias outras funções cognitivas, levando à morte. Dados estatísticos mostram que uma em cada dez pessoas maiores de 80 anos torna-se portadora da doença de Alzheimer a cada ano que passa. A mesma probabilidade vale para uma a cada cem pessoas maiores de 70 e uma a cada mil pessoas maiores de 60 anos. A doença acomete de 8 a 15% da população com mais de 65 anos. Pesquisas recentes indicam que as células de pacientes com Alzheimer têm menor capacidade de reparo de lesões oxidativas no DNA

Box 4.1 Institutos do Milênio: pesquisa integrada e salto de qualidade

Entre mais de 200 propostas de pesquisa, a coordenada pela professora Ohara Augusto, do Instituto de Química da USP, foi uma das poucas escolhidas pelo programa Institutos do Milênio. A partir dessa aprovação, serão liberados fundos ao longo de três anos, somando um total de R$ 4 milhões.

Institutos do Milênio é um programa do Ministério da Ciência e Tecnologia. Criado para patrocinar pesquisas científicas estratégicas para o desenvolvimento do País, ele promove o redirecionamento de verbas originadas em empréstimos pelo Banco Mundial. O programa utiliza a base estrutural já estabelecida no País e requer a integração nacional dos pesquisadores, o que estimula a desconcentração do conhecimento.

É o que acontece no projeto coordenado pela professora Ohara, que envolve pesquisadores de todas as partes do Brasil. O objeto de pesquisa do grupo coordenado pela docente do IQ é a ação de radicais livres no organismo. O título da pesquisa é "Processo Redox: bases moleculares e implicações terapêuticas" (www2.iq.usp.br/redoxoma). O objetivo do estudo, que deverá ser concluído em três anos, é ampliar os fundamentos dessa área da Bioquímica e "averiguar as implicações", explica Ohara. Não há nenhum comprometimento com a formulação de um medicamento específico, mas, sim, de estruturação de uma base científica.

Fonte: *Agência Universitária de Notícias* (www.eca.usp.br/aun). Acesso em: 30 out. 2005 (adaptado)

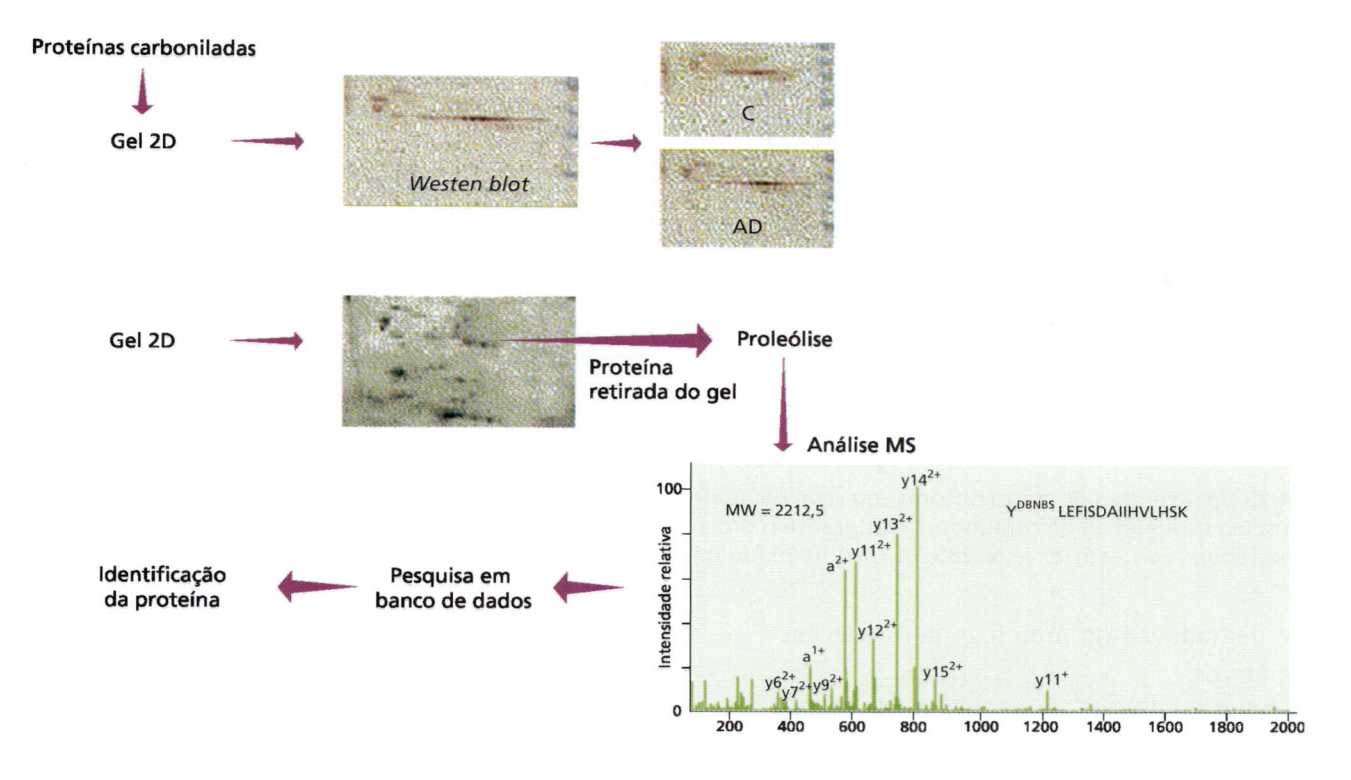

Fig. 4.14 Representação esquemática da abordagem protêomica para comparar as proteínas preferencialmente carboniladas (Fig. 4.7) em autópsias de cérebro de um humano normal (C) e de um humano afetado pela doença de Alzheimer (AD).

promovida por administração de lipopolissacarídeo a ratos. Nesse caso, constatou-se que muitas das proteínas nitradas nos fígados dos animais (reveladas com o anticorpo anti-nitrotirosina) são proteínas das mitocôndrias.

Já a abordagem de transcriptoma consiste na análise dos RNA mensageiros transcritos em células e tecidos – e, portanto, indicadores da expressão de proteínas. Sob a perspectiva de estresse oxidativo, este segundo tipo de abordagem também começa a ser realizada. Um importante estudo avaliou a mudança do perfil de expressão de 6.347 genes (aproximadamente 20% do total previsto entre 27 mil a 30 mil genes) no músculo esquelético de camundongos jovens, de 5 meses, e velhos, de 30 meses, submetidos ou não à restrição calórica (Fig. 4.15). Lembre-se de que a restrição calórica é a única intervenção comprovadamente eficiente para aumentar a longevidade das mais variadas espécies de organismos (Fig. 2.11). Os resultados desse estudo demonstram que, durante o processo de envelhecimento, o metabolismo energético fica comprometido. Aumentam também proteínas associadas a estresse, como proteínas de choque térmico e enzimas de reparo de DNA. Por sua vez, a restrição calórica reverte alguns dos efeitos do envelhecimento: desvia o metabolismo do nutriente glicose da produção de ATP para a síntese de NADPH, um redutor importante em mecanismos antioxidantes (Fig. 2.29, Quadro 2.2), e para a formação de glicogênio (neoglicogênese, Fig. 4.15). E como diminui a síntese de sistemas de reparo do DNA e de proteínas de choque térmico, acredita-se que a restrição calórica reduza o dano a biomoléculas. Nesse caso, proteínas agregadas provavelmente não se acumulam, porque os sistemas de biossín-

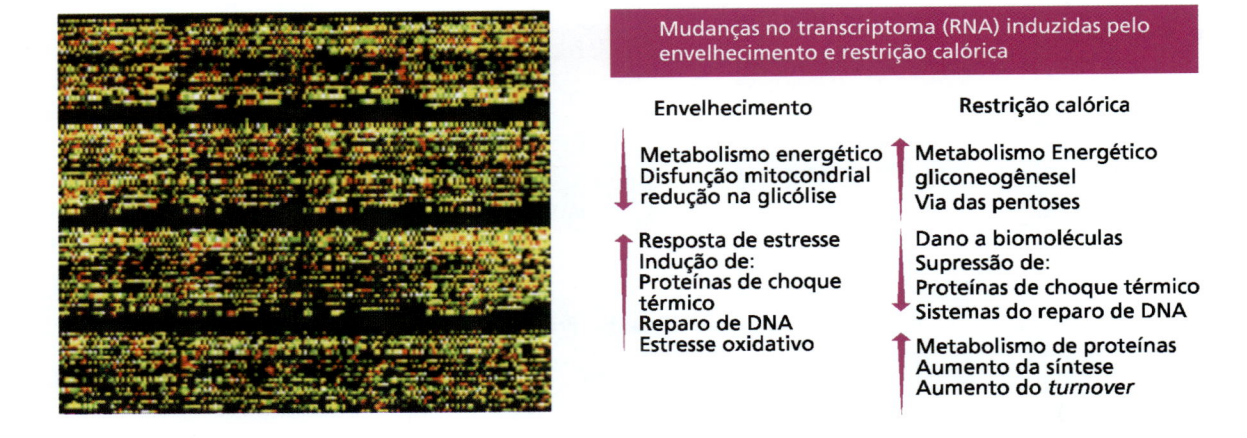

Fig. 4.15 Um exemplo de transcriptoma, ou seja, da análise da mudança do perfil de expressão de milhares de genes no músculo esquelético de camundongos durante o processo de envelhecimento. As variações mais marcantes aparecem na tabela. Fonte: *Science*, v. 285, n. 1390, 1999 (adaptado)

Mudanças no transcriptoma (RNA) induzidas pelo envelhecimento e restrição calórica

Envelhecimento	Restrição calórica
↓ Metabolismo energético / Disfunção mitocondrial / redução na glicólise	↑ Metabolismo Energético gliconeogênese / Via das pentoses
↑ Resposta de estresse / Indução de: / Proteínas de choque térmico / Reparo de DNA / Estresse oxidativo	↓ Dano a biomoléculas / Supressão de: / Proteínas de choque térmico / Sistemas do reparo de DNA
	↑ Metabolismo de proteínas / Aumento da síntese / Aumento do *turnover*

tese e degradação de proteínas permanecem muito ativos.

Esses dados sugerem grandes diferenças entre o estresse agudo e de baixa intensidade, que seria protetor (Figs. 3.10 e 3.12), e o estresse crônico que seria "envelhecedor". Um estudo semelhante avaliou a mudança do perfil de expressão dos mesmos 6.437 genes no neocórtex e cerebelo de camundongos jovens e velhos, com e sem restrição calórica. Constatou-se que em ambas as regiões do cérebro, a maior idade aumenta a síntese de proteínas relacionadas à resposta inflamatória e de resistência a estresse, chamadas de chaperonas, e diminui a expressão de genes relacionados à plasticidade neuronal. Nesse caso, a restrição calórica atenuou a expressão dos genes inflamatórios e de estresse durante o envelhecimento. Interessante: outros estudos demonstraram que a restrição calórica aumenta a resistência dos neurônios em modelos animais de doenças neurodegenerativas, como a doença de Alzheimer (Fig. 4.16).

Em geral, os resultados obtidos até o momento com as abordagens dos dois tipos (de proteoma e transcriptoma) apóiam a teoria do envelhecimento de Harman, que coloca o processo como conseqüência do acúmulo de lesões em biomoléculas promovidas por radicais livres produzidos durante o metabolismo energético. Em vista do conhecimento acumulado até o momento, uma complementação parece adequada. Os radicais livres (oxidantes) seriam produzidos pelo metabolismo energético e pela resposta inflamatória. Como diz o pesquisador americano Carl Nathan, a evolução não antecipou a cirurgia com assepsia. Por isso, um dano tecidual como corte, queimadura etc. indica infecção potencial e desencadeia a resposta inflamatória. Esta complexa seqüência de eventos libera várias substâncias vasoativas que facilitam a migração de células brancas do sangue para o local da lesão. A ativação dessas células leva à produção de espécies reativas, como já discutido, e pode, em algumas circunstâncias, piorar em muito a lesão inicial. Atualmente, considera-se que a maioria das doenças humanas tem um componente inflamatório. Em termos de envelhecimento, pode-se imaginar que uma resposta inflamatória potente pode ser interessante na fase reprodutiva, mas deletéria com o decorrer dos anos.

Embora as relações entre radicais livres e restrição calórica, metabolismo energético, inflamação, envelhecimento e doenças associadas (cardiovasculares, diabetes e neurodegenerativas) estejam cada vez mais

Box 4.2 Dois pontos de vista sobre restrição calórica e envelhecimento

Dieta rica em calorias, mitocôndrias e radicais livres

As mitocôndrias, organelas microscópicas presentes em todas as células do organismo, são responsáveis pela produção de energia. Cada célula contém centenas de mitocôndrias espalhadas pelo citoplasma. No interior da mitocôndria, as moléculas resultantes da alimentação são utilizadas numa série complexa de reações químicas, que resultará na síntese de uma molécula capaz de armazenar energia e transportá-la para os quatro cantos da célula: o ATP. É no ATP que a célula encontrará 90% da energia necessária para exercer suas funções: produção de proteínas, movimento, excreção, troca de íons etc.

A perda progressiva da capacidade de gerar energia, que caracteriza o envelhecimento das células, deve-se a um conjunto de reações químicas que ocorrem no interior da mitocôndria como conseqüência da ação de radicais livres, formados nas células como resultado do conjunto de reações químicas normais, do dia-a-dia, que chamamos de metabolismo. São justamente as centrais energéticas da célula, as mitocôndrias, os alvos mais importantes da ação nociva desses radicais.

A energia de que a célula precisa para exercer suas funções é retirada dos nutrientes ingeridos. Quanto maior a quantidade deles, maior será a quantidade de energia produzida. Não há limitações a esse processo, não é atingido um momento em que a mitocôndria pare de produzir energia. Enquanto houver nutrientes à disposição, ela continua a trabalhar e a produzir radicais livres ininterruptamente.

Esse fenômeno tem justificativa evolucionista e guarda relação com a dificuldade que nossos ancestrais tiveram para conseguir alimentos na Terra. Quando conseguiam caçar ou colher frutas, suas mitocôndrias não podiam se dar ao luxo do fastio; ao contrário, precisavam bombear o máximo de energia disponível para dentro das células e armazená-la sob a forma de gordura, porque sabe lá quando haveria comida outra vez.

Com a disponibilidade de alimentos atual, sem precedentes na história da humanidade, oferecemos às mitocôndrias mais nutrientes do que o necessário e aumentamos a formação de radicais livres numa velocidade que ultrapassa a capacidade da célula em neutralizá-los. Como conseqüência, as mitocôndrias se desgastam mais rapidamente, até comprometer a produção de energia característica do envelhecimento.

Fonte: Site do Dr. Drauzio Varella (www.drauziovarella.com.br). Acesso em: 30 out. 2005 (adaptado)

Passar fome não prolonga muito a vida, dizem cientistas

A restrição calórica pode ajudar vermes e ratos a viverem até 50% mais, mas não tem o mesmo efeito em humanos, disseram dois biólogos no domingo. John Phelan, da Universidade da Califórnia em Los Angeles, e Michael Rose, da Universidade da Califórnia em Irvine (EUA), criaram um modelo matemático segundo o qual uma dieta constante de baixas calorias aumentaria a vida humana em meros 7%, ao contrário do que ocorre em animais menores, cuja vida fica significativamente mais longa quando submetidos à escassez de alimentos.

Pesquisadores de várias universidades e do Instituto Nacional de Saúde estão testando teorias, mas muita gente já está reduzindo em até um terço a ingestão de calorias, na esperança de viver de forma saudável até 120 ou 125 anos. "Nosso recado é que sofrer anos de miséria para permanecer supermagro não trará uma grande recompensa em termos de uma vida mais longa", disse uma nota assinada por Phelan, biólogo especializado em evolução. A idéia da restrição calórica está ganhando credibilidade ao ser testada em cada vez mais espécies. É fácil demonstrar que criaturas com vida mais curta, como ratos, peixes e aranhas, vivem mais quando comem menos.

Pela lógica, portanto, isso valeria para humanos. Mas a lógica não se aplica aqui, segundo o artigo de Phelan e Rose na revista *Ageing Research Reviews*. "A longevidade não é um traço que existe isolado. Ele evolui como parte de uma história de vida complexa, com uma ampla gama de mecanismos fisiológicos subjacentes que envolvem, entre outras coisas, processos de doenças crônicas."

Nos ratos, por exemplo, a fome reduz a fertilidade, o que por sua vez aumenta a expectativa de vida, porque os animais não gastam energia demais na procriação, na gravidez e na produção de hormônios, segundo eles. Os cientistas criaram um modelo matemático que leva em conta os efeitos conhecidos da ingestão de calorias e da expectativa de vida.

"Nas populações japonesas, por exemplo, a dieta normal masculina é de aproximadamente 2,3 mil quilocalorias por dia", escreveram eles, lembrando que a expectativa de vida para os homens japoneses é de 76,7 anos. "Os lutadores de sumô, entretanto, consomem uma média de aproximadamente 5,5 mil calorias por dia e têm uma expectativa de vida de 56 anos", acrescentaram.

Já as pessoas da ilha japonesa de Okinawa costumam comer menos do que a média nacional – e vivem um pouco mais. Isso pode dar uma base de cálculo para os benefícios de comer menos. A análise desses dois extremos sugere que, se os japoneses comessem apenas 1,5 mil calorias por dia, chegariam a uma expectativa de vida média de 82 anos, segundo Phelan e Rose.

Os pesquisadores tentam descobrir um possível elemento genético no hábito de comer menos, que possa explicar os efeitos em ratos, e um dia, talvez, serem "traduzidos" para os humanos.

Fonte: Agência Reuters (www.reuters.com.br). Acesso em: 29 ago. 2005 (adaptado)

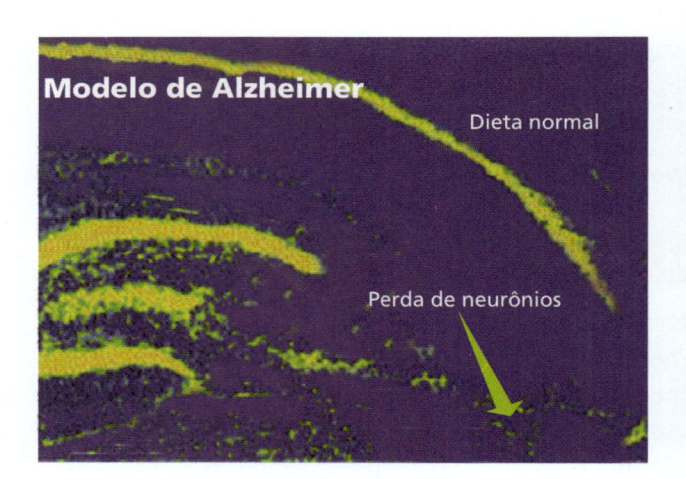

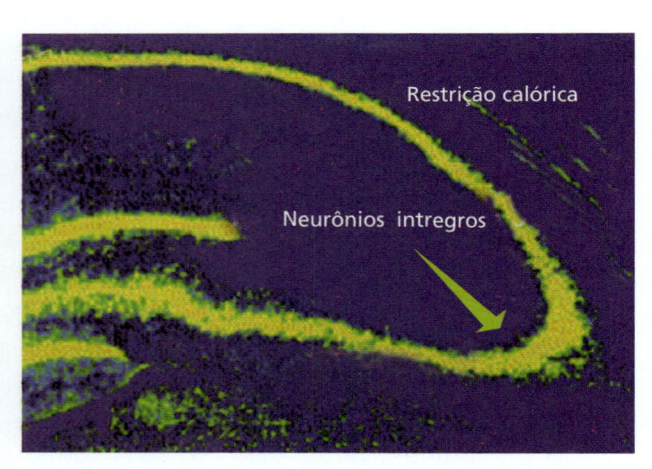

Fig. 4.16 A restrição calórica minimiza a perda de neurônios em ratos tratados com um composto que mimetiza os danos que aparecem na doença de Alzheimer. Fonte: *Trends in Neurosciences*, v. 24, n. S21, 2001 (adaptado)

comprovadas, os mecanismos pelos quais essas relações se estabelecem precisam ser desvendados. Só assim poderemos encontrar miméticos de restrição calórica para combater as doenças e, eventualmente, o próprio envelhecimento. Afinal, não é difícil prever que uma política de saúde pública apregoando a restrição calórica estaria fadada ao insucesso!

◎ Sucesso via integração

Hoje, dispomos de ferramentas da biologia molecular para criar e estudar as respostas de organismos transgênicos, de leveduras a roedores, em diferentes situações. As ferramentas da biologia molecular também possibilitam a expressão de proteínas em quantidades muitas vezes suficientes para cristalização e resolução de suas estruturas tridimensionais em nível atômico. Temos a espectrometria de massa para detectar e quantificar produtos de oxidantes com biomoléculas em células e fluidos biológicos, mas aperfeiçoamentos e novas tecnologias serão necessários para elucidar aspectos mecanísticos. Teremos que ser capazes de discriminar alterações específicas em certas biomoléculas, como em tiol proteínas, e discriminar e quantificar espécies oxidantes e radicais livres. É preciso conhecer em detalhes as vias de sinalização redox, e como elas funcionam como vias "pró-sobrevivência" ou "pró-morte". Talvez esteja aí a chave para a compreensão dos efeitos protetores e deletérios de níveis baixos e altos de estresse, respectivamente.

Os dias atuais são animadores para os que procuram compreender, priorizando uma abordagem integrada, os múltiplos papéis de oxidantes e radicais livres em biologia. Um exemplo interessante deste momento estimulante foi apresentado em dezembro de 2004 pelo grupo liderado pela norte-americana Elissa Epel. Com ferramentas que vão da Psicologia à Química, o grupo sugeriu relações entre estresse psicológico em mulheres com estresse oxidativo e "uma década a mais de envelhecimento biológico" – resultado de cuidar de filhos com doenças crônicas. Foi o que mostrou o tamanho dos telômeros nos leucócitos mononucleares do sangue das mulheres com maior nível de estresse psicológico percebido em comparação aos das mulheres menos estressadas, mesmo quando submetidas à mesma situação (Fig. 4.17).

O tamanho do telômero, que depende também da atividade da enzima telomerase, é um marcador da idade biológica das células, de sua capacidade de proliferação. Telômeros são complexos de proteína-DNA que encapam as pontas dos cromossomos, estabilizando-os (Fig. 4.18). Quando as células se dividem, os telômeros não são totalmente replicados porque a enzima que catalisa o processo, a DNA polimerase, não atua bem nas pontas. Por isso os telômeros encurtam a cada divisão celular. A enzima telomerase é capaz de estender o telômeros, mas mesmo assim eles vão encurtando durante a vida. No caso de células em cultura, quando os telômeros encurtam o suficiente, as células entram em senescência: não morrem, mas ficam quiescentes, em repouso (Fig. 3.14).

Em todas as células somáticas humanas já examinadas, os telômeros encurtam com o envelhecimento. Ao associar estresse psicológico, estresse oxidativo e idade biológica,

como controlar os efeitos bons e maus dos radicias livres?

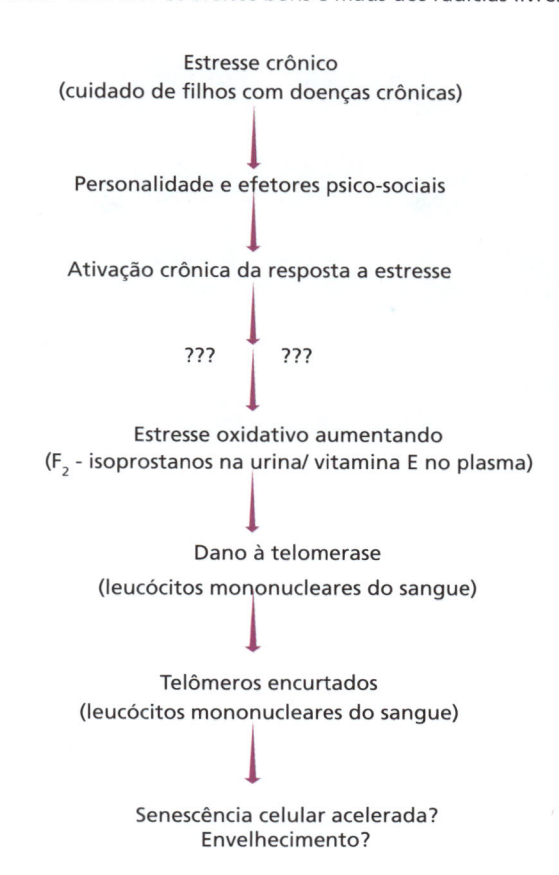

Estresse crônico
(cuidado de filhos com doenças crônicas)
↓
Personalidade e efetores psico-sociais
↓
Ativação crônica da resposta a estresse
↓
??? ???
↓
Estresse oxidativo aumentando
(F_2 - isoprostanos na urina/ vitamina E no plasma)
↓
Dano à telomerase
(leucócitos mononucleares do sangue)
↓
Telômeros encurtados
(leucócitos mononucleares do sangue)
↓
Senescência celular acelerada?
Envelhecimento?

Fig. 4.17 Relação entre estresse psicológico, estresse oxidativo e envelhecimento que foi recentemente reportada. Fonte: *Proceedings of National Academy of Science*, v. 101, n. 17312, 2004 (adaptado)

RADICAIS LIVRES: bons, maus e naturais

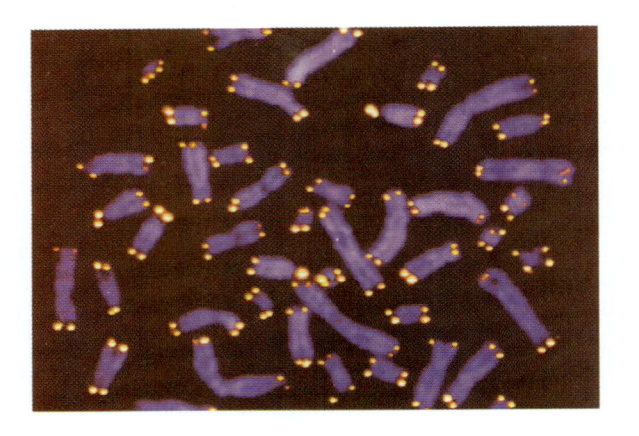

Fig. 4.18 Telômeros encapam os cromossomos, como visualizado por fluorescência

estresse psicológico percebido com estresse oxidativo e idade biológica, não cronológica!

Pode ser que, no futuro, o controle dos efeitos bons e maus dos radicais livres não traga o elixir da vida dos alquimistas ou a fonte da juventude de Ponce de León. Mas certamente irão melhorar a qualidade de vida do ser humano. É esse o caminho que a ciência busca trilhar.

O grupo de Epel foi criterioso e usou metodologias de ponta. O nível de estresse oxidativo considerou a razão entre os níveis de F2-isoprostanos em amostras de urina noturna, um biomarcador de estresse oxidativo, dividido pelos níveis de vitamina E no plasma, um presumível controle dos níveis de antioxidantes. As pacientes foram controladas quanto ao nível de estresse percebido, à idade (pré-menopausa, média de 38 anos), ao uso de suplementos vitamínicos e ao hábito de fumar. Sem dúvida, o trabalho precisa ser estendido para outras células e replicado por outros grupos, mas é pioneiro ao relacionar

AS LUTAS E O DESAFIO DO CIENTISTA: utopia com um pé na realidade — 5

Meu nome é Ohara Augusto. Sou professora e pesquisadora no Instituto de Química da Universidade de São Paulo. Meu interesse por química foi despertado durante uma aula de Ciências do antigo curso ginasial, quando uma dedicada professora de Ciências apresentou o elétron aos jovens de 13 e 14 anos de um colégio estadual noturno, o Colégio Estadual do Tatuapé. Aquele ente abstrato, dualístico, uma partícula-onda, acendeu minha imaginação. Essa fascinação, aliada à possibilidade de obter uma qualificação profissional, me levou a optar por um curso profissionalizante para o segundo grau, o curso técnico de Química, na Escola Técnica Oswaldo Cruz.

O curso técnico não foi intelectualmente muito estimulante, mas os experimentos sempre me agradaram. Gostava de ficar no laboratório, sentir os aromas, observar as mudanças de cores e as precipitações de sólidos a partir de líquidos. Queria entender melhor todos aqueles fenômenos e pensei em fazer ciência, embora nem soubesse bem o que era ser cientista. Talvez para aprender, na hora do vestibular, optei pelo curso de bacharel em Química.

Fiz cursinho e ingressei no curso do Instituto de Química da USP, em 1967. Sou da mesma turma do Henrique Toma (professor do Instituto de Química da USP e autor do livro *O mundo nanométrico - A dimensão do novo século,* desta mesma série). Todavia, ao contrário dele, fui uma estudante apenas média durante o curso de graduação. Os tempos eram agitados, a estrutura do curso era muito rígida e havia a necessidade econômica. Por isso, ao invés de pesquisar (fazer iniciação científica) na Universidade, fui lecionar Química no secundário durante o período noturno no Colégio Estadual Alberto Comte, de 1969 a 1971. Dessa época, um fato perturbador foi o diretor do colégio não me contratar logo de início pelo fato de eu ser muito jovem e, pior, mulher! Mas ele não conseguia arrumar um professor de química e, após certo tempo, confundido com meu nome que lhe parecia masculino, me enviou uma mensagem para procurá-lo. Fui, e, embora chateado, ele me contratou porque já era abril e nenhum homem se candidatara! A famosa geração de 1968 teria certamente que enfrentar problemas de gênero...

Por ter me envolvido em várias atividades durante a graduação, inclusive as aulas no secundário, fiz o curso em cinco anos e não nos quatro anos usuais. Estudei muito menos do que seria desejável e, posteriormente, me arrependi. Também nunca freqüentei os laboratórios de pesquisa do Instituto. Mas quando cheguei perto do grau de Bacharel, retomei a idéia de que minha vocação poderia ser a pesquisa científica e considerei fazer pós-graduação. Por sorte, eu era amiga do professor Francisco Nóbrega, então docente do Departamento de Bioquímica do Instituto de Química da USP. Em conversas amistosas ele me apresentou o mundo bioquímico e sugeriu que eu procurasse o Prof. Giuseppe Cilento, do mesmo Departamento, como possível orientador.

O Prof. Cilento era famoso (é considerado o criador da escola brasileira de fotobioquímica), mas como não freqüentava muito os laboratórios do Instituto, eu não o conhecia. Por sorte, ele procurava estudantes e aceitou me orientar. Eu então iniciei os estudos de pós-graduação. Convivendo com um Mestre efetivo e freqüentando um ambiente estimulante como o Departamento de Bioquímica, eu passei da vocação científica pressentida para a vivida. Comecei a pós-graduação em 1972, pouco após a publicação de McCord e Fridovich (1969) descrevendo a função da enzima superóxido dismutase. Desde o início de minha carreira científica procurei compreender as funções biológicas de radicais livres e oxidantes. Fui ficando cada vez mais intrigada por essas espécies e passei a dedicar bastante tempo aos estudos e às pesquisas. Enfim, virei "CDF"...

Uma dica: quem quer fazer ciência, especialmente no Brasil, precisa ser CDF. Aliás, não conheço nenhum cientista que não o seja, nem aqui, nem no exterior. Por isso mesmo, nem todas as pessoas serão cientistas. É preciso muita energia e paciência, estudar muito... e nem todos gostam. Às vezes, divulga-se a idéia de que aprender é sempre prazeroso. Mas não é sempre assim. É também cansativo e requer disciplina, não é igual a ficar jogando conversa fora em praias, mesas de bares e cafés... por isso, nem todas as pessoas estarão dispostas a fazer ciência, o que não as torna nem melhores, nem piores, apenas diferentes. Já formei vários doutores, vários mestres, e pude prever quais perseguiriam a carreira científica. Todos podem ser ótimos profissionais, mas só alguns têm o perfil de cientista.

Depois que acabei o doutorado, minha carreira científica, que mal começara, foi interrompida por aproximadamente um ano. Aconteceu o problema que muitos jovens precisam equacionar em suas decisões de rumos. Como todo mundo, eu precisava sobreviver, mas, àquele tempo, praticamente não existia o pós-doutorado. Hoje, as bolsas de pós-doutorado são comuns e seus valores similares aos salários iniciais da carreira universitária. Mas, em 1976, obter uma bolsa de pós-doutorado da Fapesp dependeu do prestígio do professor Giuseppe Cilento, e mesmo assim o valor da bolsa era igual ao da bolsa de doutorado. Fiquei muito desmotivada porque trabalhara arduamente para finalizar o doutorado em pouco menos de quatro anos e só conseguiria "mais do mesmo". Sendo impulsiva, resolvi aceitar uma posição de Professor Assistente Doutor na Faculdade de Educação da Unicamp. Acreditei que resolveria meu problema financeiro e, ao mesmo tempo, contribuiria para o ensino de Química no Brasil (afinal, tinha experiência), formando pro-

ASTROFÍSICA SIMPLIFICADA

fessores secundários. Paralelamente, poderia melhorar minha formação humanística, algo que recebera pouco acréscimo durante o bacharelato de Química e a pós-graduação em Bioquímica.

Todavia, acostumada aos laboratórios e à objetividade científica, não me adaptei às discussões intermináveis e tortuosas. Senti falta do laboratório, de coletar e analisar dados experimentais, enfim, dos tubos de ensaio e dos instrumentos de medidas... tive que admitir que fizera a opção errada e fui conversar com o professor Giuseppe Cilento ("a filha pródiga à casa torna"). Apesar de ter ficado muito decepcionado quando decidi abandonar a bioquímica, ele teve a grandeza de compreender meus arroubos e, não só aceitar, mas também apoiar meu retorno às ciências laboratoriais. Sem esse apoio, eu não teria conseguido retomar a carreira científica.

Assim, já no segundo semestre de permanência na Unicamp, comecei a conciliar as atividades na Faculdade de Educação com pesquisa supervisionada pelo professor Cilento, mas executada nos laboratórios do Departamento de Bioquímica da Unicamp. Então, em 1977, apareceu a oportunidade de prestar um concurso no Departamento de Bioquímica. Fui aprovada, sai da Unicamp e retomei as pesquisas bioquímicas. Também comecei a dar aulas nos cursos de graduação e, após dois anos, fui fazer pós-doutorado em Berkeley (EUA). Fiquei um ano lá e um ano e meio em São Francisco. Em Berkeley, aprendi as bases da espectroscopia de ressonância paramagnética eletrônica para poder detectar radicais livres diretamente. Depois, me interessei em compreender a produção e os papéis de radicais livres formados durante o metabolismo de xenobióticos e mudei para o laboratório do professor Paul Ortiz de Montellano, em São Francisco.

Considero importante viajar e sempre incentivo meus orientandos a fazerem pós-doutorado no exterior. Hoje isso não é imprescindível, porque fazemos pesquisa competitiva e de qualidade no Brasil. Mas trabalhar e viver no exterior é uma experiência muito enriquecedora. Em termos profissionais e em termos humanos.

Atualmente, a minha rotina de professora universitária é muito atribulada. Além da pesquisa, da manutenção física e financeira do laboratório, da avaliação de projetos e manuscritos, da orientação de estudantes, dou aulas na pós-graduação e na graduação. Nesta, tenho dado aulas para turmas grandes, de oitenta alunos e, a cada avaliação, preciso de três a quatro dias só para corrigir provas. Com tantas atividades, não sobra muito tempo para pensar profundamente... o que, claro, um cientista deveria fazer sempre.

Considero fundamental que os cientistas participem do ensino de graduação, do treinamento de estudantes, enfim, da formação de pessoal qualificado. Mas uma infra-estrutura mais adequada poderia facilitar a produção de conhecimento, que é outra das finalidades da Universidade. As nossas pesquisas científicas são basicamente desenvolvidas em colaboração com nossos alunos de pós-graduação e de iniciação científica. Os alunos chegam aos laboratórios imaturos e, mal amadurecem, vão embora. Temos que recomeçar o ciclo, e isso evidentemente não favorece o desenvolvimento de pesquisas competitivas. Já nos EUA, as pesquisas são realizadas principalmente por pós-doutores.

A situação no Brasil não deverá se alterar muito enquanto as empresas não passarem a investir mais em pesquisa e desenvolvimento – e, para isso, começarem a recrutar os doutores que a Universidade forma. Este é um aspecto importante. Desenvolver um produto comercial é tarefa de empresas, e não da Universidade. Sou bastante cética em relação às cobranças que se fazem atualmente para pesquisadores universitários se envolverem com produtos comerciais. Isso não é impossível, mas não é usual, nem no mundo desenvolvido, ao contrário do apregoado por muitos. Se o professor universitário desenvolver pesquisa de qualidade e formar pessoal competente, estará fazendo o que lhe cabe fazer. Transformar o conhecimento em patentes, em produtos, requer o concurso de outros agentes e o investimento empresarial. Preocupa-me o excesso de superficialidade embutido na visão de que uma única pessoa possa ser competente em especialidades muito diversas.

Aumentar a qualidade da pesquisa científica realizada nas universidades é também importante para aumentar seu impacto econômico na sociedade brasileira. Pesquisa de qualidade requer altos investimentos, e em São Paulo, por meio da Fapesp, recursos financeiros não têm sido um grande problema para grupos produtivos. Mas, na universidade, falta pessoal qualificado e funcionários competentes e bem remunerados. Também a maioria dos insumos é importada e a burocracia para obtê-los é enorme.

Esses problemas não deverão ser resolvidos em curto prazo. Por exemplo, um laboratório americano que cria e vende animais para a pesquisa, inclusive animais transgênicos, cogitou abrir uma filial latinoamericana no Brasil. Todavia, após análise do mercado para seus produtos, o laboratório concluiu que o mercado é ainda muito reduzido para justificar o investimento. Assim, continuamos importando a maioria dos insumos, inclusive pagando preços bem maiores que nossos colegas dos países desenvolvidos. Um artigo relativamente recente na revista *Nature* comparou os preços pagos por pesquisadores brasileiros com aqueles pagos por pesquisadores do mundo desenvolvido. Nós pagamos muito mais pelos mesmos produtos.

Em relação à burocracia que enfrentamos, relato um caso corrente. Há dois anos e meio, nós (Alícia Kowaltowski, Marisa de Medeiros e eu) tentamos importar ratos transgênicos que expressam uma superóxido dismutase humana mutante e desenvolvem os sintomas da esclerose lateral amiotrófica. Essa é a doença que aflige o físico Stephen Hawking, leva à degeneração dos neurônios motores e, em geral, à morte dos pacientes entre cinco e dez anos após o diagnóstico. Para estudar a doença, precisávamos dos ratos transgênicos, mas eles ainda não chegaram aos nossos laboratórios. Para importar os animais precisávamos de uma autorização da CTNBio (Comissão Técnica Nacional de Biossegurança). Só que, até recentemente, as atividades da CTNBio estavam suspensas, aguardando a publicação de um decreto regulamentador. Ou seja, nós tínhamos que obter um documento que era impossível de ser obtido! É surrealista e é só um exemplo de todos os surrealismos que temos que enfrentar. O surpreendente é que não desistimos, tentamos remediar. No caso dos estudos da esclerose lateral amiotrófica, optamos por fazer estudos com células, leveduras e enzimas purificadas, enquanto os ratos não vêm. Nesse período, os alunos convocados para trabalhar no problema perderam motivação, e *mais de cem papers* foram publicados na literatura internacional. Podemos mesmo fazer pesquisa competitiva?

De qualquer forma, seguimos tentando. Um estímulo que recebi recentemente foi a aprovação do nosso projeto de pesquisa para um dos Institutos do Milênio do CNPq, um programa do Ministério da Ciência e Tecnologia. Trata-se de uma rede integrada de pesquisadores que vai estudar os processos redox celulares (Redoxoma). Coordeno vários grupos, com a participação de 22 pesquisadores, além de estudantes do Amazonas, Natal, Viçosa, Brasília, Rio de Janeiro, São Paulo, Paraná e Santa Catarina. O principal objetivo é a integração dos grupos de pesquisa. A idéia é fortalecer primeiro os grupos mais jovens, colaborando com o aparelhamento e abastecimento dos laboratórios. Temos, também, várias metas científicas a cumprir, embora os fundos sejam liberados por um período de apenas três anos. É pouco tempo, não é o suficiente para uma mudança de patamar.

Temos consciência de que não sairá destes projetos um medicamento novo, por exemplo. Poderemos caminhar nessa direção, mas não vendemos falsas esperanças.

Pretendemos fazer pesquisa básica, integrar os grupos de pesquisa, ganhar mais visibilidade e qualidade. Essa é minha grande motivação. Fico um pouco chateada quando vejo que o Brasil tem vários pesquisadores bons nessa área, mas nossa visibilidade internacional ainda é pequena, um pouco por culpa nossa. Cada um fica restrito aos seus problemas e interage pouco. Assim, nosso principal objetivo é, a partir dessa integração, elevar o nível de qualidade e a visibilidade de nossas pesquisas.

Ainda há muito que aprender sobre radicais livres e oxidantes, como procuro colocar neste livro. Na sociedade em geral, a imagem que se tem em relação a eles é sempre muito negativa. Não se vê o lado fisiológico; os radicais livres são vistos apenas como algo que precisa ser eliminado, mas você não vai eliminá-los todos! Você os faz, o tempo todo, e precisa deles para viver! Não sabemos ainda como controlar os efeitos bons e maus dos radicais livres, mas as pesquisas futuras com certeza melhorarão nossa qualidade de vida.

É irrealista buscar a panacéia universal. Preocupa-me bastante, quando a difusão da ciência cria a expectativa de que vários males humanos serão resolvidos em curto prazo. Em geral, os meios de comunicação gostam de simplificar tudo, porque a maioria das pessoas quer coisas fáceis. Isso é perigoso, pois a expectativa não satisfeita pode minar a confiança da população na ciência. Eu percebo que mesmo os alunos chegam à Universidade com a ilusão de que as coisas são fáceis, que vão desenvolver um novo medicamento ou encontrar a cura de uma doença em pouco tempo. Mas ciência é difícil, não se desenvolve de forma linear, previsível. O aumento do conhecimento é lento e nós ainda sabemos muito pouco sobre nosso organismo. Sonhar é fundamental, almejar metas distantes é sempre motivador. Mas, para manter o sonho sempre aceso, o cientista precisa ter os olhos no futuro e os pés no chão.

1964, AUGE DA GUERRA FRIA. NUMA VILA NOS ARREDORES DE UM REMOTO LABORATÓRIO DE ARMAS BIOLÓGICAS, A EPIDEMIA DE OBESIDADE COMEÇA SORRATEIRAMENTE.

GLOSSÁRIO

Anticorpo
Proteína de defesa sintetizada pelo sistema imune de vertebrados. Anticorpos podem ser gerados em animais contra um antígeno de interesse (proteínas nitradas, por exemplo) para serem utilizados como marcadores.

ADP (adenosina monofosfato)
Um ribonucleosídeo 5'trifosfato que funciona como receptor de fosfato no metabolismo celular.

ATP (adenosina trifosfato)
Um ribonucleosídeo 5'trifosfato que funciona como doador de fosfato no metabolismo celular; transporta energia química entre vias metabólicas.

Arginina
Um dos vinte aminoácidos que constituem as proteínas. É também o principal precursor do óxido nítrico em mamíferos, por meio de sua oxidação catalisada pelas NOS (óxido nítrico sintases).

Cisteína
Um dos vinte aminoácidos que compõem as proteínas. É o único aminoácido que possui em sua estrutura um grupo tiol (–SH), o que lhe aufere propriedades redutoras. É facilmente oxidável e, nas proteínas, participa na estabilização de suas estruturas pela formação de pontes dissulfeto (–S–S–) e nas funções antioxidantes e regulatórias de tiol proteínas.

Citocina
Uma família de pequenas proteínas secretadas que ativam a divisão ou diferenciação celular pela ligação a receptores na membrana de células responsivas.

Citocromos
Hemoproteínas transportadoras de elétrons que atuam na respiração, na fotossíntese e em outras reações de óxido-redução.

Citocromo c
Um dos transportadores de elétrons das mitocôndrias. Isolado e purificado, tem sido utilizado para detectar a produção do ânion radical superóxido.

Cromatografia
Técnica em que uma mistura de moléculas é separada por partições repetidas entre uma fase que flui (móvel) e uma estacionária.

Dalton
Unidade de massa atômica/molecular. Um Dalton equivale à massa de um átomo de hidrogênio ($1{,}661 \times 10^{-24}$g)

Enzima
Proteína que catalisa uma reação química específica.

Espectrometria de massa (MS)
Técnica em que moléculas são ionizadas no vácuo e introduzidas num campo elétrico e/ou magnético, onde suas trajetórias dependerão da razão massa/carga, m/z. A técnica permite deduzir a massa (M) e a estrutura de moléculas.

FAD
Flavina adenina nucleotídeo é uma coenzima que contém riboflavina e participa de reações de óxido redução. Oscila entre a forma oxidada (FAD) e reduzida ($FADH_2$).

Fosfodiaterases
Enzimas que catalisam a hidrólise de ligações éster em nucleotídeos cíclicos, como GMPc e AMPc, que são importantes mensageiros secundários em células.

Glutationa
Tripeptídeo (γ-L-gutamil-L-cisteinilglicina) que, por conter o aminoácido cisteína, tem propriedades redutoras. É o principal redutor (antioxidante) intracelular, onde atinge concentrações de 5 a 10 mM.

GMPc (GMP cíclico)
Mensageiro secundário dentro das células. É formado a partir do GTP em reações catalisadas por

guanilato ciclases que são estimuladas por certos hormônios ou outros sinais moleculares.

GTP
Um ribonucleosídeo 5′trifosfato que pode funcionar como doador de grupo fosfato (energia) em reações metabólicas. É também o precursor do GMPc, um importante segundo mensageiro celular.

Guanilato ciclases
Enzimas que catalisam a conversão de GTP em GMPc e são estimuladas por certos hormônios ou outros sinais moleculares.

Heme
Grupo prostético (componente) ferro-porfirina das hemoproteínas.

Hemoglobina
Uma hemoproteína dos eritrócitos que transporta oxigênio.

Mieloperoxidase
Uma peroxidase que contém o grupo heme.

NAD$^+$
Nicotinamida adenina dinucleotídeo é uma coenzima que participa de reações de óxido-redução transportando elétrons. Oscila entre a forma oxidada (NAD$^+$) e reduzida (NADH).

NADP$^+$
Nicotinamida adenina dinucleotídeo fosfato é uma coenzima que participa de reações de óxido-redução transportando elétrons. Oscila entre a forma oxidada (NADP$^+$) e reduzida (NADPH).

Mieloperoxidase
Hemoproteína abundante em neutrófilos, utiliza peróxido de hidrogênio (água oxigenada) para oxidar cloreto, nitrito e outros substratos, produzindo oxidantes potentes como ácido hipocloroso (água sanitária), dióxido de nitrogênio e outras espécies.

Peroxidases
Enzimas que reagem com peróxidos, decompondo-os ou utilizando-os para oxidar outros substratos. As peroxidases podem ser hemoproteínas, tiol proteínas e selênio proteínas.

Proteossoma
Arranjo supramolecular de complexos enzimáticos que degradam proteínas lesadas ou não necessárias.

Reação de óxido-redução (redox)
Reação em que elétrons são transferidos de uma espécie (molécula ou íon) doadora para uma receptora.

Transgênico
Organismo com genes de um outro organismo incorporados no seu genoma devido a procedimentos de recombinação do DNA.

Xantina oxidase
Uma metaloenzima que participa da degradação de purinas. É também considerada uma importante fonte de espécies radicais livres, como ânion radical superóxido e óxido nítrico.

ANEXO 1

A bioquímica procura elucidar a natureza molecular dos processos vitais, cujas características essenciais são semelhantes em diferentes organismos. Embora os organismos vivos e as células que os compõem individualmente sejam complexos e diversos, todos eles são constituídos pelos mesmos tipos de biomoléculas e necessitam de energia para sobreviver. As células são montadas a partir de macromoléculas (polímeros) que incluem as proteínas, os ácidos nucléicos e os polissacarídeos. Essas moléculas, por sua vez, são montadas a partir de uns poucos monômeros, vinte aminoácidos, oito nucleotídeos e alguns carboidratos, respectivamente. Um número reduzido de monômeros pode se ligar de diversas maneiras (em diferentes seqüências) e, portanto, originar uma enorme variedade de macromoléculas (com diferentes estruturas e funções biológicas). Isso explica a complexidade dos organismos vivos, apesar da simplicidade dos monômeros que os constituem. No esquema, as principais funções das biomoléculas estão colocadas na cor preta.

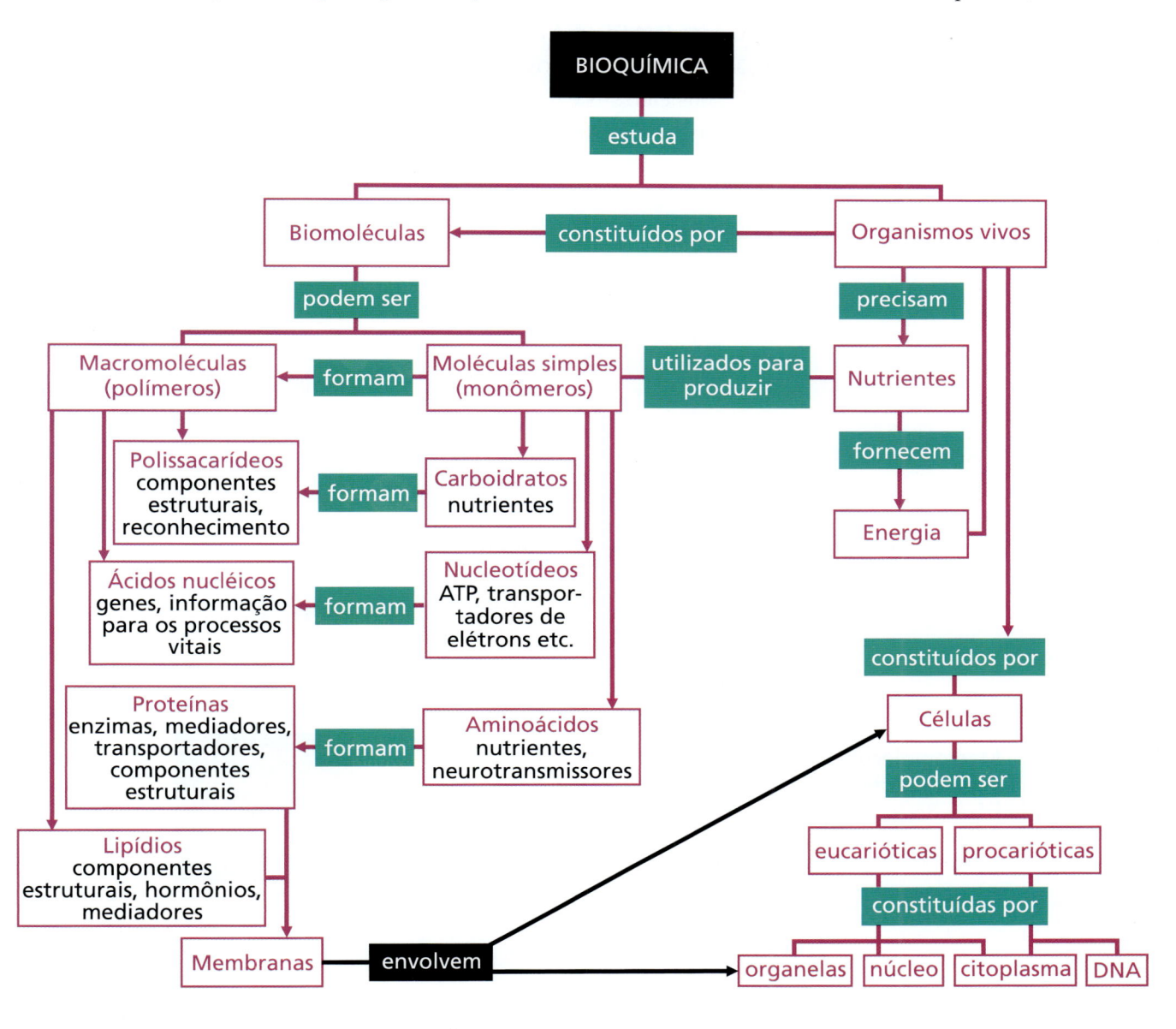

ANEXO 2

Os organismos requerem um suprimento constante de energia externa para se manterem vivos. No caso dos organismos não fotossintéticos, os nutrientes são transformados numa seqüência de reações catalisadas por enzimas para extração de energia e obtenção de monômeros (catabolismo) necessários para a síntese das biomoléculas (anabolismo) necessárias à vida. Reações de óxido-redução são fundamentais no metabolismo, o qual engloba catabolismo e anabolismo. No catabolismo, os nutrientes são oxidados para extração de energia numa forma utilizável pelas células, ou seja, como ATP. O ATP é um nucleotídeo que oscila entre formas pobres em energia (AMP e ADP) e rica em energia (ATP). Os elétrons provenientes da oxidação dos nutrientes são coletados na forma de NADH, NADPH e $FADH_2$. Essas biomoléculas são transportadores de elétrons universais. Elas são nucleotídeos com propriedades redox e oscilam entre as formas oxidadas (NAD^+, $NADP^+$ e FAD) e reduzidas (NADH, NADPH e $FADH_2$). No caso dos organismos aeróbicos, os elétrons coletados dos nutrientes são entregues ao oxigênio molecular nas mitocôndrias num processo acoplado à síntese de ATP. Parte do ATP, dos elétrons e dos monômeros produzidos durante o catabolismo é utilizada para a síntese de macromoléculas (polímeros). Catabolismo e anabolismo são processos inversos, mas ocorrem por vias metabólicas diferentes para que aconteçam simultaneamente nas células.

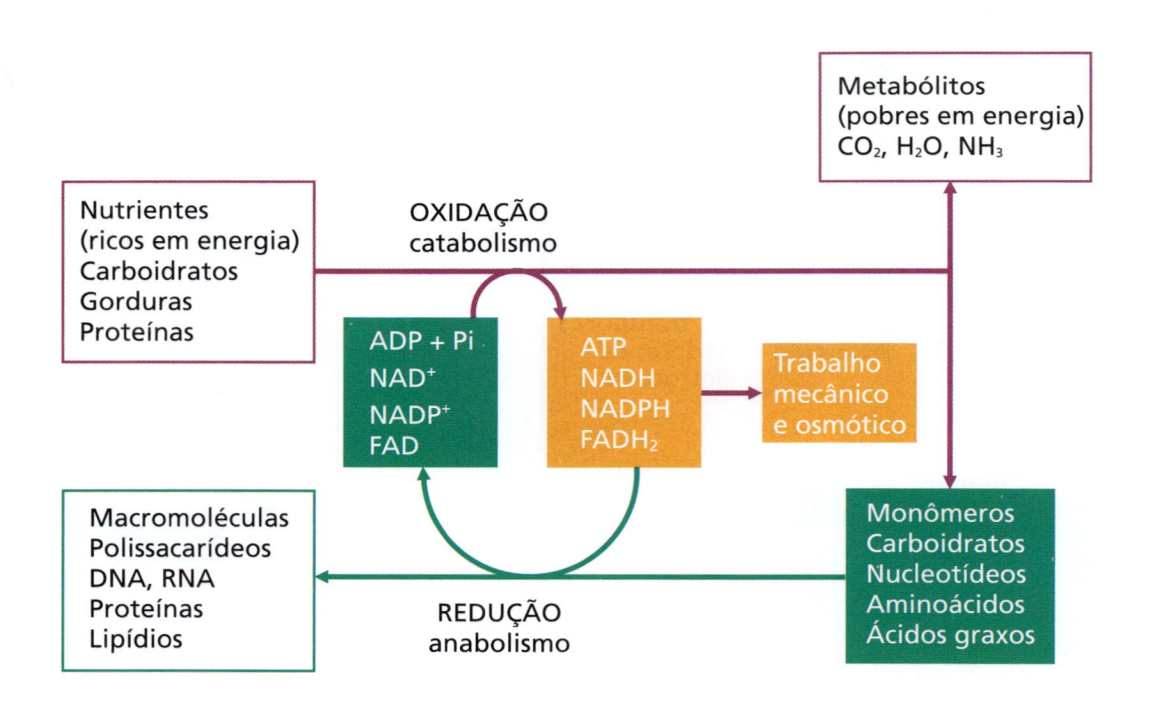

SITES

HISTÓRIA DA QUÍMICA
http://cougar.slvhs.slv.k12.ca.us/~pboomer/physicslectures/historical/chemhistory.html
http://www.3rd1000.com/history/contents.htm

HISTÓRIA DA BIOQUÍMICA
http://dwb.unl.edu/Teacher/NSF/C10/C10Links/mills.edu/RESEARCH/FUTURES/JOHNB/biohistory.html

PÁGINA DO PRÊMIO NOBEL
Com os ganhadores nas diversas áreas do conhecimento e uma apresentação ilustrada e coloquial de grandes descobertas
http://nobelprize.org/

ESCOLA VIRTUAL DA SOCIETY FOR FREE RADICAL BIOLOGY AND MEDICINE
Apresentações ilustradas sobre os papéis fisiológicos de oxidantes e radicais livres desenvolvidas por pesquisadores ativos na área
http://www.medicine.uiowa.edu/FRRB/VirtualSchool/Virtual.html

PÁGINA DO INSTITUTO LINUS PAULING
Dispõe informações atualizadas sobre vitaminas, sais minerais e fitoterápicos
http://lpi.oregonstate.edu/

PÁGINA DO NATIONAL INSTITUTE OF HEALTH
Com informações variadas e atualizadas sobre saúde e nutrição
http://www.nih.gov/

CONSTANTES DE VELOCIDADES DE REAÇÕES DE RADICAIS LIVRES
Com moléculas orgânicas e inorgânicas
http://kinetics.nist.gov/solution/index.php

DEPARTMENT OF ENVIRONMENTAL AND MOLECULAR TOXICOLOGY DA UNIVERSIDADE DO ESTADO DE OREGON, E CENTER FOR ENVIRONMENTAL HEALTH AND SUSCEPTIBILITY, DA UNIVERSIDADE DA CAROLINA DO NORTE
São dois centros de toxicologia dedicados ao desenvolvimento de biomarcadores de dano oxidativo e de exposição ocupacional e ambiental
http://www.emt.orst.edu/faculty/index.htm
http://www.sph.unc.edu/cehs/research/biomarkers.htm

Ohara Augusto é professora titular do Instituto de Química da Universidade de São Paulo, no Departamento de Bioquímica. É coordenadora do Instituto Milênio Redoxoma, do CNPq. Seu projeto Fapesp atual é o "Oxidantes derivados do óxido nítrico: Fundamentos e aplicações em inflamação/infecção".

A autora publicou 88 trabalhos completos em revistas científicas internacionais, oito capítulos de livros internacionais e sete trabalhos em periódicos nacionais. Tem apresentado várias conferências em congressos nacionais e internacionais. Nos últimos cinco anos, foi conferencista e/ou simposista em dez congressos nacionais e vinte internacionais. Até abril de 2006, seus trabalhos receberam aproximadamente 2.500 citações na literatura internacional.

Entre os prêmios da autora, destacam-se o Young Investigator Award de diversos anos, como orientadora de trabalhos premiados, e a medalha de prata de 2002 para Biologia e Medicina da International EPR Society. Ohara é também membro da Academia Brasileira de Ciências, desde 2002, do corpo editorial dos periódicos *Free Radical Biology and Medicine*, desde 1999 e *Chemical Research in Toxicology*, desde 2006.

Seus trabalhos científicos têm contribuído para ampliar o conhecimento sobre a produção e o mecanismo de ação de oxidantes in vivo. O conjunto de seus trabalhos recentes contribuiu para colocar em foco oxidantes que eram praticamente ignorados em Biologia até a década de 1990, como o peroxinitrito, o dióxido de nitrogênio e o anion radical carbonato.

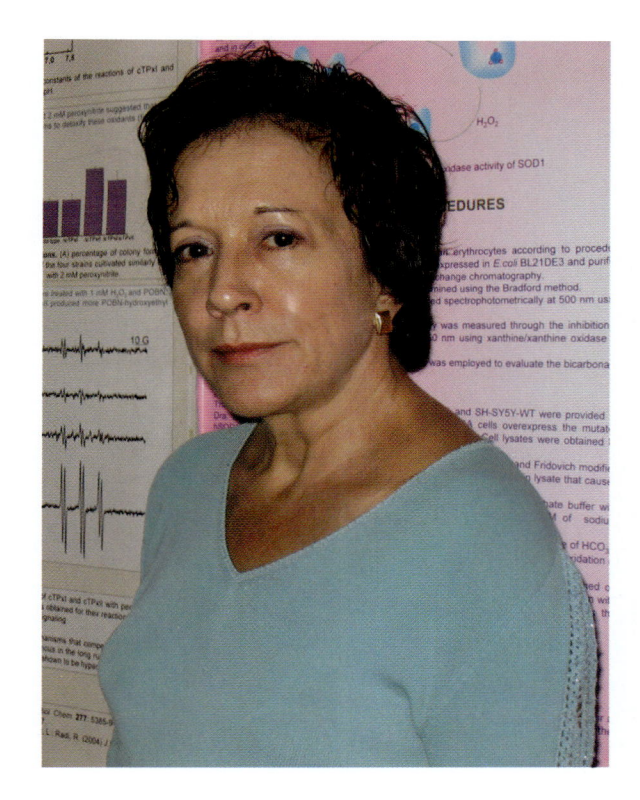

inventando o futuro

Ciência e tecnologia fazem, cada vez mais, parte do cotidiano de nossa sociedade de consumo. Olhe à sua volta e você verá alguém usando um telefone celular ou caminhando com um par de fones ouvindo uma música.

Se você se concentrar apenas nesses símbolos mais visíveis da sociedade de consumo, estará vendo as árvores, mas perdendo a floresta. A cidade onde você vive só pode existir graças aos avanços da técnica e aos imensos ganhos de produtividade do setor agrícola de uma sociedade moderna. Considere uma metrópole com dez milhões de habitantes, cada qual consumindo cem litros de água por dia, em média (para beber, para tomar banho, regar plantas, lavar roupa etc...). Isto representa um bilhão de litros de água em cada dia, ou seja, um cubo de cem metros de aresta de água por dia. A infra-estrutura para coletar, purificar, armazenar, distribuir e medir o consumo dessa água para emitir a fatura mensal para cada centro consumidor é imensa. Isso só pode ser feito com a técnica moderna. Sem ela, essa metrópole não existiria.

Por outro lado, esses grandes números de pessoas que povoam as cidades existem por causa da diminuição drástica da mortalidade infantil e a extensão da vida humana proporcionadas por melhores condições de saneamento, por uma melhor nutrição, por vacinas, por medicamentos etc... mais uma vez, são o conhecimento e as técnicas dele derivadas que permitiram à espécie humana alcançar o grau de dominação sobre o planeta que tem hoje, tanto para o bem como para o mal.

Para mal, porque esses mesmos avanços resultam em pressões sobre o ambiente, no planeta Terra, que podem levar a grandes catástrofes. O que fazer? Parar o conhecimento, congelar a tecnologia, voltar ao tempo em que os animais falavam? Ah, como seria bom se fosse possível. Mas não dá mais. A nossa civilização fez a opção pelo conhecimento, pela ciência e pela tecnologia. Você pode até achar que as coisas estão ruins com elas, mas pense bem, pois as coisas seriam muito, muito piores sem elas.

O que você pode fazer por uma ciência e tecnologia mais humanas? Só uma coisa: aprendê-las você mesmo. O que esta série, Inventando o Futuro, pretende é dar a você um panorama contemporâneo dos avanços e dos desafios a serem enfrentados em muitas áreas "quentes" da Ciência e Tecnologia modernas. E ajudar você, talvez, a encontrar a sua vocação de cientista, de engenheiro, de técnico, ou apenas prepará-lo a entender melhor, como cidadão responsável, as opções que se colocam para o Brasil e o mundo nessas áreas.

Ao ler os livros desta série você vai perceber como é fascinante o mundo da ciência que supera a própria imaginação; que a pesquisa nunca termina e você pode participar do processo realizando-se pessoalmente e contribuindo com a sociedade. Você vai descobrir que há centros importantes no Brasil buscando soluções para nossos problemas e que é importante fazer ciência com ética – questão que deve ser discutida pelos cientistas e pela sociedade.

Este livro foi editado em 2006
Miolo impresso em papel Inova da Rilisa (80g/m^2)
Capa em Supremo da Suzano (250g/m^2)
CTP, impressão e acabamento: Quebecor